KB238992

우리는 식물이라는 존재를 가족의 일원으로 받아들이게 됐죠.
그들은 처음부터 집에 편안히 뿌리내린 존재 같았습니다.
그 친구들과는 진짜 '연결되어 있다'는 느낌을 받았죠.

이 도서의 국립중앙도서관 출판예정도서목록(CIP)은 서지정보유통지원시스템 홈페이지(http://seoji.nl.go.kr)와

국가자료공동목록시스템(http://www.nl.go.kr/kolisnet)에서 이용하실 수 있습니다.(CIP제어번호: CIP2017025806)

식물과 함께 사는 집

식물과 함께 사는 집

다육식물, 에어플랜트, 선인장과 함께 살기

캐로 랭턴·로즈 레이 지음, 김아림 옮김, 한의정 감수

*design*house

목차

집

모든 식물에는 이야기가 있어요.

이 책은 추억으로 가득한 빈집에서 시작되었어요. 런던 북부 햄스테드 히스 변두리에 자리한 할머니의 집, 그곳이 내게 기적의 공간이 되었습니다.

갑작스레 그 집을 물려받은 로즈와 나는 집과 함께 오래된 선인장, 다육식물, 열대식물까지 물려받았다는 사실을 깨달았죠. 그들은 처음부터 집에 편안히 뿌리내린 존재 같았습니다. 볕이 들어 환하게 빛나는 창틀부터 어두컴컴한 침실 구석에까지, 처음부터 늘 그곳에 있었다는 듯 그 공간을 차지하고 있었어요.

우리 둘 다 식물을 잘 가꾸시는 부모님 슬하에서 자랐지만, 정원 가꾸기나 식물학에 특별한 조예는 없었어요. 서재에서 정원 일에 대한 책을 발견한 우리는 새로 만난 녹색 친구들에 대해 열심히 탐구하기 시작했어요. 당장 해야 할 일은 식물을 세심하게 관찰하고 각 식물이 보내는 돌봐달라는 신호를 알아차리는 것임을 알았죠. 조금씩 자신감이 붙으면서 우리는 식물이라는 존재를 가족의 일원으로 받아들이게 되었어요.

우리는 식물 친구들 하나하나에 맞는 보금자리를 만들기 시작했어요. 상상력이 넘치는 로즈는 열대식물의 보금자리를 위해 콘크리트 화분을 만들거나 유리를 조각하고 테라리엄terrarium, 유리 용기에 이끼나 꽃, 작은 나무 등을 옮겨 심어 감상할 수 있도록 한 실내 장식을 겸한 원예 방법을 디자인했죠. 납땜용 총과 찻잔을 번갈아 쥐고서 매일같이 골몰하던 로즈는 연일 새로운 것을 만들어냈고, 그 결과물을 촬영한 다음 온라인에 공유했어요.

마침내 우리는 그동안 만든 흥미로운 물건과 식물들을 모아 런던 동부의 브로드웨이 마켓에 팔기로 했습니다. 햇살이 환하던 그 토요일부터 우리는 사람들을 만나 이야기를 나눴어요. 그동안 가꾼 식물들이 우리와 낯선 이들을 연결해주었죠. 손님들의 격려에 힘입어 워크숍을 열고, 상점 인테리어나 결혼식의 꽃 장식을 맡고, 실내 정원 관련 상품들을 개발하기 시작했죠. 이것이 '로코(Ro Co)'라는 회사의 첫걸음이었습니다.

이야기

우리 부모님은 나이 지긋한 정원사 한 분을 두었는데, 그분은 성심성의껏 정원을 가꾸셨어요. 방과 후 우리 자매가 정원에 들어서면 허리께까지 오는 풀들 사이로 갑자기 새 오솔길이 나 있곤 했으니까요. 정원 맨 아래쪽 축축한 땅에서 자이언트 루바브giant rhubarb, '칠레 대황'이라고도 불리는 정원 식물로 잎이 최대 4m까지 자라기도 한다가 처음 돋아났을 때 기억은 아직도 생생해요. 가죽처럼 생긴 우산만 한 잎들이 손에 닿던 순간도 기억나고요. 가을에는 이 식물의 몸통을 자르고 담요로 덮어두어야 했는데, 매년 봄이면 마법처럼 다시 새잎들이 돋아났죠. 그러면 우리는 그 아래 웅크린 채 상상의 세계로 빨려 들어가곤 했습니다.

꽃을 잘라 꽃꽂이를 하는 것도 예뻤지만 어린 내 눈에는 잘린 꽃이 집 안에 덩그러니 있는 게 자연스러워 보이지 않았어요. 조용히 사라지게 두지 않고 억지로 작품 속에 머무르게 하는 것 같았거든요. 꽃봉오리가 축 늘어지고 꽃잎이 떨어지다 결국 쓰레기통에 버려질 때까지 말이죠. 아직 어렸지만 나는 집 안의 초록 친구들이 계속 움직이고 숨 쉬며 변화하고 자랄 수 있어야 한다고 믿었어요. 그 친구들과는 진짜 '연결되어 있다'는 느낌을 받았죠. 꽃다발을 볼 때와는 전혀 다른 감정이었어요.

시간이 훌쩍 지나 런던 북부의 할머니 댁에서 함께 살게 되면서, 선인장과 다육식물에 홀딱 빠져버렸습니다. 할머니는 짓궂은 유머 감각의 소유자였어요. 솜털이 가득한 선인장이 있었는데, 똑바로 자랄 수 있게 매달 방향을 돌려줘야 했죠. 할머니는 이 친구에게 '털북숭이 거시기'라는 묘한 이름을 붙였답니다. 복도의 한쪽 천장까지 닿는 행운목부터 침실 밖 회랑에 햇가지를 뻗은 접란에 이르기까지, 할머니의 식물 친구들은 차분하면서도 기지 넘치는 할머니의 성정을 그대로 닮아 있었죠.

내가 즉흥의 미학을 알게 된 것도 할머니 덕분이었습니다.

로즈 역시 영국의 시골 마을에서 나처럼 식물로 가득한 초록색 유년 시절을 보냈습니다. 정원 디자이너로 단련된 로즈의 어머니는 웬만하면 딸이 바깥에서 많은 시간을 보내게 했죠. 그 덕에 로즈는 가족이 살던 농장 근처의 비옥한 숲 지대부터, 해마다 휴가를 즐기던 시칠리아 트레스코섬의 매혹적인 정원에 이르기까지 다양한 숲을 만날 수 있었습니다.

집에 머물 때면 로즈는 도토리며 이끼, 해골 잎skeleton leaves, 나뭇잎을 수산화나트륨 용액에 넣고 끓여 잎육을 제거하고 잎맥만 남긴 것. 그대로 사용하기도 하고 식용색소에 담가 탈색해서 사용하기도 한다, 금이 간 부싯돌을 주머니 한가득 들고 와 정원의 오래된 월계수 아래에 펼쳐놓곤 했죠. 바깥 풍경을 조금이나마 정원 속으로 옮겨놓은 겁니다. 어느 날 헤일에이커 우드Haleacre wood. 영국 버킹엄셔 카운티에 위치한 숲 근처를 산책하던 로즈는 낙엽 더미에서 오래된 일기장 하나를 발견했어요. 비밀스런 이야기들 사이로 로즈보다 훨씬 오래전, 똑같은 나무들에게서 위안을 얻었던 일기장 주인의 이야기가 마술처럼 펼쳐졌죠. 각 계절 특유의 냄새도 로즈의 기억에 고스란히 새겨졌습니다. 수정란풀(pinesap)이나 썩어가는 나뭇잎, 건초, 미나리아재비, 금방 벤 쐐기풀의 향은 시간이 꽤 흐른 뒤에도 기억에 남아 있었죠.

로즈의 상상력을 부추긴 것은 뭔가를 독특한 방식으로 집에 들여놓겠다는 생각이었어요. 벼룩시장에서 영화 촬영기 렌즈를 찾아낸 로즈는 렌즈를 분해한 후 바닷물에 닳은 부싯돌, 황철석, 석영, 마른 이끼를 그 안에 담았어요. 버려진 사물에 담긴 풍경을 잡아내려 한 거죠. 얼마 후 로즈는 세트 디자이너가 되었고 여러 요소를 결합해 독특한 이야기를 전달해나갔습니다. 로즈는 사소한 사물의 이야기를 소중히 여겼고, 그걸로 조금씩 실내 공간을 변화시키는 법을 배웠어요. 그리고 이 열정을 삶으로까지 확장해, 특별한 사물을 통해 사람들이 집에서의 삶을 즐길 수 있게 해주고 싶어 했죠. 로즈는 그 답을 자연과 도시 생활이 그림처럼 어우러진 샌프란시스코의 미션 디스트릭트에서 찾았답니다.

그곳에는 특이한 식물군이 수없이 많았는데, 상점들의 창턱에는 햇빛을 흠뻑 머금은 다육식물이, 출입구에는 네모 틀을 따라 화초가 밀림처럼 자리잡고 있었죠. 커다란 화분에 담긴 식물부터 아주 오래된 것 같은 테라리엄까지, 집집마다 거리마다 형형색색의 색채가 뿜어져 나오는 듯했습니다.

샌프란시스코에서 돌아온 로즈는 한껏 고무되어 이국적인 식물들, 집을 사랑스런 분위기로 만들어줄 식물들을 찾으러 다녔죠. 나 역시 로즈와 마찬가지로 '초록을 좀 더 많이!'라는 주문을 외는 사람이라 얼른 합류했습니다. 우리는 가능한 많은 공간을 독특하고 아름다운 식물로 채우고 번성하게 하겠다는 목표를 세우고 방법을 찾기 시작했어요.

스키미아

철학

"손끝에는 근본적이고 본능적인 힘이 있다. 그리고 그 힘을 활용하려는 충동은 언제나 드러나기 마련이다."
- 야나기 무네요시(柳宗悦)

우리는 둘 다 디자인을 공부해서 식물을 위한 물건을 만들거나 구하는 일을 중요하게 생각합니다. 손으로 빚은 도자기 화분의 무게를 느끼고, 만든 이의 손길을 읽어낸다는 것은 깊이 있는 즐거움을 주죠. 원예용품 점에서 플라스틱 화분을 구입하는 건 사실 무심한 행위잖아요. 손수 만든 물건의 아름다움은 단지 독특하거나 자연이 느껴지기 때문만이 아니라, 개인의 이야기가 물건을 창조하는 과정에 녹아 있기 때문에 생겨나는 것 같아요. 이건 어떤 물건에 진정성을 불어넣는 마법과도 같은 일이죠.

디자이너들은 다른 이가 따라 할 수도 있으니 제작 과정을 비밀에 부쳐야 한다는 생각을 하곤 하죠. 하지만 우리는 그렇게 생각하지 않아요. 우리가 매일 고객, 친구, 다른 디자이너들에게서 영감을 받는다는 게 즐겁기도 하고요. 사실 우리의 아이디어는 다른 사람들과의 대화와 제안에서 비롯된 것이 많죠.

우리는 이 책에서 'YOU|CREATE'라는 제목 아래 마크라메 행잉 플랜터(마크라메는 화분을 매달 수 있는 서양매듭 장식을 뜻한다. 139쪽)라든지 열대 온실 테라리엄(71쪽), 코이어-콘크리트 화분(83쪽)처럼 우리가 좋아하는 작업들을 소개할 거예요. 이 작업들은 간단하고 돈이 적게 들면서도 실용적인 데다, 공간을 최대한 활용하고 식물들을 독특하게 전시하는 방식을 알려줄 것입니다. 이를 여러분에 맞도록 바꾸거나 뭔가를 더해 독특한 디자인을 실험해봐도 좋아요.

우리는 여러분이 시간을 들여, 여러분이 사는 공간을 식물과 함께 사는 집으로 바꾸기를, 또 그 모든 과정에서 즐거움을 느끼기를 바랍니다. 지속 가능한 디자인에 대한 만족감을 여러분도 누릴 수 있길 바라고요.

몬스테라

식물과 함께 살기

집은 안식처이자 익숙한 풍경이고, 빛과 어둠이 만나는 공간이며, 자기 자신의 표현이다.

로즈와 나는 대학교 졸업반 시절에 만났어요. 당시 우린 거침없이 흘러가는 삶에 충실하느라 식물에 시간이나 돈을 들일 여력이 없었죠. '녹색'이라는 건 페어리영국의 주방세제 브랜드 통에 반쯤 남은 액체 세제라든지 셋집의 곰팡이 핀 욕실 천장에서나 볼 수 있었으니까요. 안락한 '집'과 우리가 살고 있는 공간은 거리가 멀었던 셈이죠. 런던에 자리 잡은 후 우리는 비로소 스스로에게 의미 있는 진짜 집을 꾸리기 시작했어요. 우리 둘에게 그건 '녹색이 더 많은' 집을 의미했죠.

하지만 도시 생활이란 게 제대로 된 실내 정원을 쉽사리 허락하지는 않잖아요. 우리 고객들 가운데 상당수는 셋집을 전전하느라 집에 화초를 들여놓고 싶어도 공간이 없다고 털어놓곤 해요. 하지만 우리는 '대단한 조건이 필요하지 않다'는 게 실내식물과 함께 살아가는 삶의 가장 큰 장점이라고 생각합니다. 테이블에 놓인 소박한 선인장 화분 하나가 온실을 가득 채운 열대식물만큼이나 즐거움을 줄 수 있는 법이죠. 이런 마음가짐으로 환한 창틀에서 그늘진 책꽂이까지 무척 다양한 환경과 조건에서 함께 살 식물 종을 아울렀습니다.

많은 친구들이 여행을 자주 떠나다 보면 식물에 꼭 필요한 보살핌을 주지 못할까 봐 걱정하더군요. 그래서 이 책에는 우리가 그동안 일하면서 알게 된, 크게 관리가 필요하지 않은 종들을 포함시켰습니다.

우리가 첫 의뢰로 받은 창문 장식용 틸란드시아부터 우리가 보살피면 그들도 우리를 보살펴 주던 열대식물에 이르기까지, 이 책에선 구하기 쉽고 쉽게 말라 죽지 않는 식물만을 골라 소개합니다.

여러분이 일단 어떤 식물과 함께 살아볼 마음이 들었다면, 가능한 한 손을 많이 대지 않고도 집 안에 식물이 자랄 공간을 만드는 방법을 조언해드릴게요. 거기서 조금이라도 우리처럼 뿌듯함을 느껴보신다면 참 좋겠습니다.

1장

우리가 키우는 식물 알기

선인장과 다육식물, 에어플랜트, 열대식물

식물이라는 가족을 맞을 준비가 하나도 되지 않았는데 그 친구가 여러분에게 절로 굴러들어왔을 수도 있겠지요. 로즈와 내가 갑자기 식물이 가득한 집을 지키는 수호자가 되었듯이 말이죠. 누군가에게 선물로 받았거나 동네 시장을 산책하던 중에 갑자기 눈길을 빼앗겼을 수도 있고요. 저항할 수 없는 매력에 반하거나 사랑스러운 마음이 솟아나는 바람에 갑작스레 식물을 선택하면서 만남이 이루어지죠. 여러분은 일단 그 화분을 집 안에 들여놓은 다음에야 어느 장소에 두는 게 제일 좋을지, 잘 키우려면 어떤 조건이 필요할지를 고민하기 시작하겠죠.

다행히도 대부분의 실내식물은 놀랄 만큼 적응을 잘하고, 갑자기 극심한 학대를 당하지 않는 한 환경이 불만족스러우면 명확한 경고를 보내줘요. 사람들이 식물을 과하게 보살피는 경우가 종종 있는데, 식물이 죽는 가장 흔한 원인은 비극적이게도! 물을 너무 많이 주어서입니다.

이 장에서는 여러분이 실내 생활에 적합한 여러 식물을 이해하고 그에 익숙해질 수 있도록 도와드리려 합니다. 식물이 꽃을 피우려 할 때, 고통스러울 때 보내는 신호에 대해서도 알려드릴게요. 우리가 자주 받는 질문도 다루었는데 예를 들면 햇빛을 얼마나 많이 쬐어야 하는지, 물은 언제 주어야 하는지, 식물이 아플 때 어떻게 보살피는 것이 가장 좋은지 같은 문제들이죠. 우선 각 식물의 원산지와 특징, 성장 주기에 대해 배운 다음 여러분이 집에 데려올 식물에 적합한 생활 조건을 알고 나면 식물을 보살피는 일이 제2의 천성처럼 쉬워질 겁니다.

여러분이 만나게 될 식물들

고무나무 Rubber plant 62, 147, 169, 185쪽
학명   피쿠스 엘라스티카 Ficus elastica

골든 포토스 Golden pothos 110, 131쪽
학명   에피프렘눔 아우레움 Epipremnum aureum
유통되는 이름(이하 '유통명'으로 통일) 스킨답서스

금전수 ZZ plant 185쪽
학명   자미오쿨카스 자미이폴리아 Zamioculcas zamiifolia
유통명   금전수, 돈나무, 자미오쿨카스

노인 선인장 Old man cactus 203쪽
학명   케팔로케레우스 세닐리스 Cephalocereus senilis
유통명   노인 선인장, 옹환

녹영 String of beads 171쪽
학명   세네치오 로울레야누스 Senecio rowleyanus
유통명   녹영, 구슬 선인장, 콩란

단추 고사리 Button fern 72쪽
학명   펠래아 로툰디폴리아 Pellaea rotundifolia

당나귀꼬리 Donkey tail 33, 43, 106, 199, 201쪽
학명   세덤 모르가니아눔 Sedum morganianum
유통명   당나귀꼬리, 청옥, 옥서화, 세덤

떡갈잎 고무나무 Fiddle-leaf fig 147, 169쪽
학명   피쿠스 리라타 Ficus lyrata

멕시칸 파이어크래커 Mexican firecracker 158쪽
학명   에케베리아 세토사 Echeveria setosa

모람 Creeping fig 62쪽
학명   피쿠스 푸밀라 Ficus pumila
유통명   무화과나무, 피쿠스 푸밀라, 모람

몬스테라 Monstera 110, 131, 151, 166, 169쪽
학명   몬스테라 델리치오사 Monstera deliciosa

문밸리 프렌드십 플랜트 Moon valley friendship plant 72쪽
학명   필레아 인볼루크라타 Pilea involucrata
유통명   문밸리

벨모어 센트리 야자 Belmore sentry palm 145쪽
학명   호웨이 벨모레아나 Howea belmoreana
유통명   벨모어야자

붓지 Butzii 50, 55, 177쪽
학명   틸란드시아 붓지 Tillandsia butzii

불보사 Bulbosa 55, 177쪽
학명   틸란드시아 불보사 Tillandsia bulbosa

비취나무 Jade plant 110, 115~117, 157, 201쪽
학명   크라술라 오바타 Crassula ovata
유통명   비취나무, 크라술라

산세비에리아 Snake plant 61, 106, 115, 182, 187쪽
학명   산세비에리아 트리파스치아타 Sansevieria trifasciata

생선뼈 선인장 Fishbone cactus 33, 188쪽
학명   에피필룸 앙굴리게르 Epiphyllum anguliger

세로그라피카 Xerographica 50, 55, 206쪽
학명   틸란드시아 세로그라피카 Tillandsia xerographica
유통명   세로그라피카, 틸란드시아 세로그라피카

수박 필레아 Aluminium plant 72, 137쪽
학명   필레아 카디에레이 Pilea cadierei
유통명   수박 필레아, 카디에레이, 알루미늄 플랜트

*세로그라피카와 옥사카나는 외래어 표기법상 각각 크세로그라피카,
오악사카나이지만 본문에서는 국내에서 통용되는 이름으로 표기하였습니다.

알아두면 좋은 용어들

과 하나 이상의 속이 포함된 식물의 무리를 말한다.
(예: 돌나물과)

속 과 안에 들어가는 분류로 하나 이상의 종을 포함한다.
(예: 에케베리아속)

종 하나의 속에 포함된 식물들을 말하며, 특징이 동일하고
서로 교배할 수 있다. (예: 에케베리아 엘레강스)

돌가루 필수 미네랄과 원소를 많이 함유하고 있는 곱게 간
화산암을 말한다. 보통 식물을 더 건강하게 키우고 싶을
때 배양토에 섞어준다.

맥간엽육(자좌) 선인장과에만 존재하는 독특한 기관으로
여기서 가시, 꽃, 새끼포기가 생긴다.

비료 주기 식물 배양토의 맨 윗부분에 갓 만든 비료를
주는 과정이다. 화분 전체를 갈아주는 대신에 쓰는
방법으로, '시비'라고 부르기도 한다.

새끼포기(오프셋, 새끼치기, 자손번식) 어미 식물의
조직에서 생겨난 새로운 식물로 밑동에서 나오는 경우가
많다. 번식 과정에서 잘라낼 수 있다.

순치기 식물의 줄기 또는 가지를 잘라주어 새로운 성장을
늦추는 방법이다. '핀칭', '적심'이라고 부르기도 한다.

지렁이 분변토 영양이 풍부한 지렁이의 똥으로 만든
유기농 비료의 농축된 형태다.

질석 배양토의 배수를 원활하게 하고 양분과 습도를
보존하기 위해 더해주는 미네랄.

착생식물 다른 풀이나 나무의 몸통에 뿌리를 내려서
살아가는 식물을 말한다.

코이어(야자섬유 코이어) 코코넛 겉껍질로 만든 흡수성이
강한 섬유질의 재료다. 배양토에 섞으면 습기 보존에
도움이 된다.

테라리엄 유리 용기에 이끼나 꽃, 작은 나무 등을 옮겨
심어 감상할 수 있도록 한 실내 장식을 겸한 원예 방법.

펄라이트 화산 유리를 팽창시킨 가벼운 물질로 배양토의
배수를 돕는 역할을 한다.

활성 성장기 대개 초봄에서 늦여름 사이로, 식물에서
새로운 잎과 꽃이 자라나는 기간을 뜻한다.

활성탄 으스러진 숯의 한 형태로 물에서 독소를 걸러준다.
주로 테라리엄 내부의 세균 번식을 방지하는 용도로
쓰인다.

휴지기 가을부터 이듬해 봄이 시작되기 전까지의 기간.
이때 식물은 새로 성장하는 일이 적고 비활성 상태다.

식물을 편안하게 해주기

새로 온 식물 친구가 편안함을 느끼길 바란다면, 그 식물이 원래 살던 환경과 조금은 비슷한 조건을 갖춰 줘야 합니다. 몇몇 열대식물은 무척 쉽게 구할 수 있기 때문인지, 이들이 살아가는 데 필수적인 조건이 있다 는 사실을 간과하기 쉽죠. 하지만 무턱대고 집에 들였다가는 몇 주 만에 식물이 풀썩 쓰러져 썩는 참담한 일이 벌어질 수도 있어요.

이런 일을 막으려면, 먼저 집 안 여기저기에 서 있어보세요. 햇빛이 어디서 들어오는지, 온기가 어디서부터 도 는지, 어디에 그늘이 지는지, 또 창문이나 문간에서 외풍이 들지는 않는지 확인해보세요. 실내 온도나 습도 를 갑자기 바꿀 수 있는 라디에이터나 오븐 같은 기기들도 잘 살펴보고요. 그다음엔 같은 날 시간이 좀 더 지난 후에 한 번 더 반복해서 체크해보세요. 시간에 따라 앞서 확인한 조건들이 꽤 달라질 수 있어요.

이 책에 등장하는 대다수 식물의 삶에 영향을 미치는 가장 중요한 요소를 꼽자면 단연 햇빛과 물입니다. 가 령 여러분의 집에 햇빛이 잘 들지 않는다면 다육식물을 기르는 건 다시 생각해보는 게 좋을지도 몰라요. 열 대식물은 대개 일주일에 한 번 정도는 물을 주어야 하고 따뜻한 계절에는 물 주는 횟수를 늘려야 하기 때 문에, 여행을 잘 다니는 이라면 이런 종류의 식물을 집에 들이는 건 적당하지 않아요. 예를 들어 오른쪽 페 이지와 147쪽에 등장하는 고무나무가 그렇습니다. 휴가 때 열대식물을 돌보는 방법에 대해서는 66쪽에 설 명해두었어요.

우리를 찾는 손님들은 대부분 바쁜 일상에서도 집을 예쁘게 꾸밀 수 있는 '손이 덜 가는' 식물을 찾아요. 그 러한 요구를 생각하면서 다양한 실내 환경과 생활 방식에 적합한 식물 종을 이 책에 담았습니다. 여러분은 알맞은 장소를 물색한 다음, 그곳에서 잘 자랄 식물을 찾기만 하면 돼요.

어떤 식물이 여러분의 집에 적합할지에 대한 더 자세한 이야기는 4장 '식물과 함께 사는 집'에 있습니다.

고무나무

왼쪽부터 금호, 황금사, 금청각

식물을 집에 들이기

당연하게 들리겠지만 사람들은 마음에 드는 식물 화분을 마주하면 꼬리표부터 살펴요. 볕은 어떻게 쬐고 물은 얼마나 줘야 하는지 적혀 있으니까요. 이 꼬리표는 여러분에게 딱 맞는 식물을 고를 첫 번째 기회가 될 수도 있습니다. 친구에게서 꺾꽂이한 식물의 일부를 받아오려 한다면(103쪽 참조), 그 식물이 지금 살고 있는 환경을 먼저 살펴본 다음 여러분 집의 조도(照度, 빛의 양)와 온도가 그와 비슷한지 생각해봐야 해요.

어떤 식물이든 줄기나 잎이 갈변하거나 얼룩이 생기고 축 늘어지면 병에 걸렸다는 신호일 수 있어요. 화분에 심은 식물이라면 흙이 신선해 보이는지, 화분에 잘 채워져 있는지, 흙에 곰팡이나 석회 자국은 없는지 확인해보세요. 혹시 뿌리가 화분 밑바닥을 뚫고 나왔다면 분갈이를 해야 할 시점일 수 있어요. 당장 화분을 갈 것인지, 아니면 지금 화분에 여분의 자리를 만들 것인지 결정해야 하죠.

꽃집이나 묘목장에서 식물을 구입할 경우 식물이 이리저리 부딪치거나 상처입지 않도록 단단히 포장해서 운반해야 해요. 또 종이나 휴지로 단단히 싸매두어야 갑자기 차가운 바깥바람이 들어 식물이 상하는 걸 막을 수 있고요. 급격한 온도 변화에 예민한 열대식물의 경우 이런 처치가 특히 중요합니다.

선인장을 구입할 생각이라면, 담아올 수 있는 조그만 골판지 상자를 챙겨 가는 게 좋아요. 키가 큰 선인장은 생각보다 무게가 훨씬 많이 나가고, 보기보다 훨씬 연약하죠. 그러니 큰 선인장을 구입할 경우 두꺼운 종이 상자에 담고 신문지를 구겨 넣어 포장해야 가시가 꺾이지 않아요.

마지막으로, 열대식물은 새로운 생활 환경에 익숙해지는 데 시간이 좀 걸린다는 사실을 기억해야 해요. 새로 식물을 데려와서 적당한 장소에 자리 잡아준 후에는 1주 이상 지켜보면서 조금이라도 시들거나 잎이 늘어지는 조짐을 보이진 않는지 살펴야 합니다. 하지만 그런 기미가 보이더라도 직사광선이나 열기를 쬐지 않았다면 일단은 흙을 촉촉하게 적신 후 가만히 놔두는 게 나아요. 서둘러 더 좋은 장소를 찾아주는 것보다는 지금 장소에 적응할 시간을 더 주는 겁니다.

선인장과 다육식물

가뭄이 자주 찾아오는 환경에 적응해야 했던 식물들은 잎이나 줄기에 물을 저장하는데, 이런 식물을 다육식물이라 부르죠. 모든 선인장은 다육식물인 셈입니다. 한편 선인장처럼 보이지만 선인장이 아닌 몇몇 다육식물 종이 있어요. 그러다 보니 가끔 사람들이 다육식물과 선인장을 헷갈려 하죠. 어떤 다육식물이 선인장인지 알아보는 가장 쉬운 방법은, 식물학자들이 '맥간엽육'이라 부르는 부위가 있는지 보는 것입니다. 맥간엽육이란 선인장 표면에 난 둥글고 조그만 혹으로, 여기서 나중에 꽃이나 가시를 만들어내죠.

선인장은 사막 선인장과 숲 선인장으로 나눌 수 있어요. 건조한 환경에서 살아남기 위해 물을 더 많이 필요로 했던 사막 선인장은 줄기가 둥글납작하거나 원통 모양이고 가시가 나 있어요. 이 가시는 동물이 먹지 못하게 막고 수분 손실을 줄이는 데 도움이 되죠. 반면 열대 환경에 사는 숲 선인장은 어딘가에 붙어 사는 착생식물이기 때문에 줄기의 흔적만 남아 있거나 가시가 없고, 햇빛이 아른아른하게 드는 곳에 삽니다. 예를 들어 생선뼈 선인장(188쪽)을 보면 맥간엽육이 도드라지지 않고 줄기 가장자리를 따라 자리하죠.

용설란(아가베), 세덤, 리톱스, 크라술라 등 다른 유명한 다육식물은 전부 초목이 거의 자라지 않는 반사막 지역에 살던 식물들이에요. 이들은 잎에 즙이 많고 독특한 모양의 꽃을 피우며, 돌보기도 쉽기 때문에 어린이들이 키우기 좋죠. 사막 선인장과 마찬가지로 직사광선을 꽤 많이 필요로 하니, 집 안에서 햇빛이 가장 잘 드는 곳에 두어야 합니다. 대부분의 다육식물은 놀랄 만큼 도시 생활에 잘 적응하며, 주인이 집을 비우느라 한두 달간 물을 안 주어도 너끈히 살아남죠. 어쩌다 창문 블라인드에 줄기가 걸리거나 호기심 많은 고양이가 무심히 건드려도 별 문제가 없을 정도니까요.

여러분이 처음 식물을 키운다면 다육식물이야말로 좋은 선택입니다. 다육식물은 회복력이 강하고 생활 환경 조건이 비슷비슷해요. 그러니 모양과 색이 예쁜지만 보고 선택해도 됩니다. 하지만 한 가지는 꼭 일러두고 싶어요. 튼튼하고 뾰족한 모양부터 길고 우아하게 나부끼는 모양까지, 다육식물은 무척이나 다양한 생김새로 수집가들의 욕구를 자극하죠. 그 매력에 중독 증세를 보일 수 있으니 조심하세요.

빛　　　숲 선인장을 제외한 대부분의 다육식물은 반드시 직사광선을 필요로 합니다. 그러니 집에서 가장 햇빛이 잘 드는 밝은 곳에 놓아두세요. 자연광이 많이 들지 않는 겨울철에는 더더욱 그렇게 해줘야 해요. 여름에는 다육식물을 전부 바깥에 내놓아 신선한 공기와 햇빛을 가능한 한 많이 쬐게 하는 것이 좋아요. 다만 숲 선인장에 강한 직사광선을 쬐었다가는 금방 타 죽어버릴 수도 있다는 사실을 기억하세요. 집에 자연광이 별로 들지 않는다면 립살리스나 하티오라, 공작 선인장속처럼 간접광을 좋아하는 종을 선택해야 합니다.

실내는 보통 자연광이 항상 드는 쪽으로만 들고, 식물에 빛이 닿는 쪽의 반대편은 늘 그늘이 지게 마련이죠. 이러면 식물이 비딱하게 자랄 수 있으니 주기적으로 화분 방향을 돌려주어야 해요.

또 식물이 일단 어떤 장소에 적응했는데 갑자기 훨씬 밝은 곳으로 옮기면 변화가 생길 수 있어요. 그럴 때는 식물이 햇빛에 손상돼 황변하거나 시들지 않는지 잘 살펴보세요.

온도　　　식물의 활성 성장기(초봄에서 늦여름)에는 다육식물도 실내 온도를 따뜻하게(18~30℃) 맞춰줘야 해요. 하지만 이 식물들이 원래 살았던 환경(낮에는 무척 덥고 밤에는 추운)을 생각하면 밤에는 온도가 낮아도 괜찮아요. 이런 이유로 대부분의 가정집에서 다육식물이 잘 지낼 수 있는 거랍니다.

식물의 휴지기(가을에서 봄이 시작되기 전까지)에는 다육식물 주변의 온도를 낮게(10~13℃ 정도) 유지해도 돼요. 낮에 직사광선을 계속 쬐었다면요. 다만 서리로 덮이거나 창문 틈으로 드는 찬바람을 맞지 않도록 잘 보호해야 해요. 또 추운 계절에는 건조하게 해줘야 하죠. 하지만 히터 때문에 몹시 건조한 환경이라면(여름에 에어컨을 틀어도 마찬가지), 식물에 물을 주는 주기를 조정해야 할 수 있어요.

습도　　　원래 무척 건조한 환경에서 사는 친구들이기에, 대다수 다육식물은 따뜻하고 습도가 낮은 조건에서 잘 살아갑니다. 다른 식물과 마찬가지로 신선한 공기를 좋아한다는 점은 예외가 아니지만 말이죠. 매우 더운 여름철에는 창문과 문을 열어서 충분히 환기하는 것이 좋아요. 숲 선인장도 환기가 중요하니, 따뜻한 계절에는 주기적으로 밖에 내놓는 게 좋습니다. 다만 직사광선은 피하고요.

개화　　　대부분의 선인장과 다육식물은 아직 어려 활성 성장기에는 실내에서 꽃을 피웁니다. 어떤 선인장은 밤에 꽃이 피는데, 파란색을 제외한 모든 색깔의 꽃이 피어나요. 많은 선인장 꽃이 장관이라 할 만큼 화려하지만, 꽃 시장에서 장식 상자에 담아 파는 미니어처 선인장은 잘 살펴보아야 해요. 무지갯빛 꽃은 접착제로 붙여놓은 것일 가능성이 높거든요. 그늘진 환경에서 자라는 립살리스 같은 숲 선인장은 직사광선을 막아준다면 실내에서도 기꺼이 꽃을 피울 거예요.

다육식물로 분류되는 식물의 가짓수가 무척 많기 때문에 특정 종이 어떻게 꽃을 피우는지, 여러분의 집에서 꽃을 잘 피우기 위한 최선의 방법이 무엇인지 알려면 약간의 조사와 공부가 필요합니다. 127쪽에서 각각의 식물에 대해 조금 더 자세하게 다뤘으니 참조하세요.

ASTROPHYTUM
myriostigma
ASTROPHYTUM
ornatum
ASTROPHYTUM
ornatum x

물 주기

다육식물은 물을 아주 조금 주어도 된다고 생각하기 쉽지만, 정기적으로 물을 주어야 하고 활성 성장기에는 특히 더 신경 써야 해요. 이때는 일주일에 몇 번 물을 준 다음 적절히 배수해야 합니다.

봄과 여름에는 손가락으로 흙을 만져보아 표면이 3cm 정도 완전히 말랐을 때 물을 주면 됩니다. 대부분 이런 식물들은 원래 물이 잘 빠지는 사막 토양에서 살았기 때문에, 물을 주기 전에 완전히 흙을 말리는 게 중요해요. 그리고 밤이 오기 전에 여분의 물기가 충분히 빠지게 하려면 아침에 물을 주는 것이 좋고요.

다육식물이 휴지기에 들어가는 겨울철에는 물 주는 양을 줄여도 괜찮아요. 온실에서 키운다면 휴지기 내내 물을 주지 않아도 되고, 난방을 한 실내라면 흙이 완전히 말랐을 때에만 아침에 물을 주세요.

예외적으로, 숲 선인장은 일 년 내내 물을 주어야 합니다. 흙 표면이 3cm 정도 완전히 말랐을 때에만 물을 주세요. 꽃을 피운 다음에는 몇 주 동안 쉴 시간을 주었다가 다시 물을 주고요.

물을 주는 가장 좋은 방법은 식물 화분을 트레이물을 밑에서부터 흡수하는 '저면관수'가 가능한 납작한 플라스틱 용기에 올린 다음, 트레이에 물을 붓는 것입니다. 그러면 식물 스스로 물을 흡수할 거예요. 흙이 촉촉해지고 나면 트레이를 치워주세요. 수분을 지나치게 공급하면 뿌리에 난 가는 털이 손상되어 결국에는 물을 흡수하는 능력이 떨어질 수 있어요. 물을 잘 흡수하지 못하는 것 같으면 물뿌리개로 위에서 물을 뿌려도 됩니다. 플라스틱 화분에 키우는 식물은 점토 화분에 키우는 식물보다 수분을 더 많이 머금기 때문에 물을 주는 횟수를 좀 줄여도 돼요. 그리고 여러분이 사는 지역에 칼슘이나 마그네슘이 많이 포함된 센물이 나온다면 정수한 물이나 상온의 빗물을 주는 것이 좋아요.

잊지 마세요 다육식물을 오래 방치해두면 흙이 부스러지거나 화분 가장자리에서 떨어져나갈 거예요. 이런 상태라면 물을 주기 전에 손가락으로 흙을 살살 풀어놓아야 물이 화분 바닥으로 그대로 빠져나가는 걸 막을 수 있어요.

가지치기와 관리하기

선인장과 다육식물은 강인하고 끄떡없어 보여도 주의 깊게 보살펴주어야 하는 친구들이죠. 아무리 무해할 것 같은 식물도 우리 피부를 따갑게 하거나 염증을 일으킬 수 있듯이, 반대로 여러분도 모르는 사이에 식물에 손상을 입힐 수 있어요. 에케베리아를 비롯해, 밀랍이 덮여 있어 방심하기 딱 좋은 다육식물의 잎을 잘못 건드렸다가는 상처를 주기 쉽죠. 백도선opunitia, 부채 선인장이나 백년초처럼 매우 가는 털로 덮인 선인장들은 가시가 쉽게 떨어져 우리 피부를 찌르기 일쑤고요. 뾰족한 가시가 있는 선인장을 화분에서 꺼내려면 두꺼운 장갑을 끼거나, 신문지 몇 장을 구겨서 선인장 주변을 둘둘 감아 가시가 피부에 닿지 않게 해야 합니다. 분갈이에 대해서는 88~95쪽에서 더 자세히 설명할게요.

가지치기　　선인장은 일반적으로 가지치기를 할 필요가 없지만, 꽃이 핀 후에는 마른 꽃을 살살 떼어내야 해요. 잎이 나는 다육식물은 잎을 꽤 자주 떨구기 때문에, 잎이나 꽃이 시들었다면 모양새 좋게 떼주면 됩니다. 잎이 많이 난 다육식물을 가지치기할 경우 건강한 줄기나 잎을 잘라내어 버리는 대신 쉽게 번식시킬 수 있어요. 식물을 나누는 방법에 대해서는 103쪽을 참조하세요.

청소하기　　실내식물은 표면에 먼지가 조금씩 쌓일 수밖에 없는데, 이 먼지들이 성장에 방해가 될 수 있어요. 가시가 뾰족뾰족하게 난 선인장은 특히 집에 막 들였을 경우 가시에 흙이 좀 묻어 있을 수 있어요. 가시가 난 사막 선인장은 마른 상태의 부드러운 미술용 붓으로 흙이나 먼지를 쓸어주면 좋아요. 숲 선인장이나 가시 없는 다육식물은 축축한 천이나 스펀지로 부드럽게 닦아주되, 약한 줄기와 잎은 특히 조심스럽게 닦아주세요.

비료 주기　　다육식물은 실내에서 키울 때 천천히 자라는 것처럼 보이기 때문에 비료도 적게 들 거라 생각하기 쉽죠. 하지만 다육식물이 잘 자라 꽃을 피우는 모습을 보고 싶다면 초봄에서 늦여름까지 실내 화초용 비료를 희석해서 주는 게 좋아요. 단, 식물의 휴지기인 겨울철에는 절대 비료를 주면 안 됩니다. 99쪽을 참조해 직접 쐐기풀 비료를 만들어 사용해보세요. 각각의 식물에 비료를 얼마나 자주 주어야 하는지는 4장 '식물과 함께 사는 집'(127쪽)에 자세히 정리해놓았습니다.

노인 선인장

왼쪽부터 황금사, 홍옥, 노인 선인장

흔한 질병들

선인장과 다육식물은 습도만 잘 맞춰주면 끄떡없이 살아가는 것처럼 보이지만, 해충이나 고온, 사람의 손길에 영향을 받아요. 다육식물이 몸으로 드러내는 증상에 그 해결책도 함께 들어 있죠.

시듦　식물의 줄기나 잎이 시들면 사람들, 특히 다육식물을 처음 키워보는 사람들은 흔히 물이 부족해서라고 오해하곤 하죠. 사실은 지나치게 물을 많이 주어 시들었을 가능성이 더 높아요. 흙에 물기가 너무 많으면 뿌리가 상해 다육식물이 살아가는 데 필요한 수분을 흡수하지 못하고 결국 시들게 됩니다. 물을 너무 많이 주었을 때 흔히 생기는 또 다른 증상은 잎이 조금씩 노랗게 변하는 거고요.

다육식물이 시들기 시작했다면 먼저 식물을 화분에서 꺼내 흙이 얼마나 축축한지 확인해보세요. 흙이 꽤 말라 있다면 식물이 놀라지 않게 살살 물을 주고 하루이틀 지난 후 겉모습이 나아졌는지 확인하세요. 만약 흙이 축축하다면 흙이 완전히 말랐을 때에만 물을 주면서 식물을 몇 주 동안 가만히 두세요. 39쪽에 물 주기에 대한 자세한 조언을 담았으니 참조하세요.

잎이 떨어짐　잎이 떨어지는 이유는 지나치게 온도가 높거나 독한 살충제에 손상을 입어서일 수 있어요. 하지만 가장 흔한 원인은 물을 적게 줬기 때문이에요. 그러면 다육식물은 에너지를 아끼기 위해 스스로 잎을 떨어뜨리죠. 물을 주는 주기를 잊지 않도록 메모해두세요.

식물 밑동 부근의 잎이 바삭바삭 마르는 것은 건강하게 자라는 다육식물에 흔히 나타나는 현상으로, 다른 잎이 새로 자라도록 잘라내면 됩니다. 가장 건강한 세덤 역시 스스로 번식하기 위해 신선한 잎을 자연스럽게 떨어뜨리죠. 그러니 이런 종류의 식물이라면 멀쩡해 보이는 잎이 떨어진다고 지나치게 걱정할 필요는 없어요.

'불청객' 해충 처리하기 실외에 비해 실내는 해충이 드문 편이지만 다육식물은 종종 벌레의 습격을 받기도 해요. 주범은 수액을 먹는 벚나무깍지벌레인데, 식물의 잎과 뿌리 사이에 집을 짓고 살죠. 탈지면 조각처럼 생긴 벚나무깍지벌레는 작은 미술용 붓으로 쓸어주면 없앨 수 있어요. 만약 벌레가 뿌리까지 침입했다면, 다음 재료로 무독성 살충제를 만들어 해당 부위에 뿌려주세요. 물 1L, 유기농 멀구슬기름(neem oil) 1작은술, 부드러운 물비누 1/4작은술을 섞어줍니다. 이때 먼저 식물의 일부에 시험 삼아 뿌려서 부작용이 없는지 확인하는 게 좋아요.

멕시칸 파이어크래커

급작스럽게 시들거나 잎이 노랗게 말라붙음　　　다육식물은 해충의 공격을 잘 받지 않지만 벚나무깍지벌레나 민달팽이는 조심해야 합니다. 따뜻한 계절이 되어 다육식물을 집 밖에 내놓았을 때는 특히 더 그렇죠. 여러분이 키우는 식물이 벌레의 공격을 받고 있는지 의심된다면 흙을 확인해 벚나무깍지벌레의 흔적을 찾아보세요(43쪽 참조). 어떤 벌레의 공격을 받았든, 뿌리의 손상된 부분을 잘라내고 식물을 신선한 영양토가 담긴 화분에 옮겨 심은 다음 주의 깊게 지켜보세요.

색이 연해지고 줄기가 가늘어짐　　　햇빛을 충분히 쬐지 않은 다육식물은 색이 연해지고 웃자라며 잎도 잘 자라지 않고 황변하는 경우가 많아요. 특히 에케베리아 같은 다육식물의 줄기가 가늘고 길게 자란다면 햇빛이 더 잘 드는 장소로 옮기는 것이 좋습니다(보기 흉해진 다육식물을 관리하는 방법에 대해서는 106쪽 참조). 연약해진 선인장을 볕이 잘 드는 곳으로 옮겨주기만 해도 건강을 되찾는 경우가 많죠.

갈색의 흐물흐물한 부위가 생김　　　흐물흐물한 갈색 부위가 생기는 이유는 보통 물을 너무 많이 주어 뿌리가 손상을 입고 썩어서입니다. 다육식물은 특히 박테리아에 취약하기 때문에 뿌리나 잎 주변에 물기가 지나치게 모이면 썩기 시작해요. 썩은 부위가 보인다면 박테리아가 더 퍼지지 않도록 손상된 부분을 다 잘라내고 물 주는 횟수를 줄여야 합니다(39쪽에 물 주기에 대해 더 자세히 설명해놓았어요). 너무 심하게 썩었다면 건강해 보이는 조직만 잘라내 신선한 흙에 옮겨 심으면 되죠. 잎이나 줄기를 잘라내어 심는 게 성공 확률이 높아요. 식물을 나누는 방법은 3장 '식물 번식시키기'(103쪽)를 참조하세요.

짙은 색의 마른 버짐　　　이런 증상은 여러분이 손으로 많이 만졌기 때문일 가능성이 커요. 특히 섬세한 선인장이나 다육식물에서 잘 나타나죠. 하지만 햇살이 무척 강렬할 때 식물을 밖에 내놓거나 창문 근처에 두어도 색이 짙고 마른 버짐이 생길 수 있어요. 꽤 오래된 다육식물이라면 밑동 근처의 색이 짙은 건 단순히 나이 때문일 수도 있고요. 여러분의 식물이 길고 사연 많은 시간을 보낸 흔적이라고 볼 수 있죠. 이 버짐은 보기에는 그리 좋지 않지만 주변으로 퍼지지는 않아요.

성장이 멈춤　　　따뜻한 계절에 물을 적게 주었거나, 겨울철에 물을 너무 많이 주어서일 수 있어요. 아니면 오랫동안 화분을 갈아주지 않았거나 지나치게 조그만 화분에 키우느라 성장이 멈췄을 수도 있고요. 언제 어떻게 화분을 갈아야 하는지에 대해서는 77쪽을 참조하세요.

분갈이할 때 주의 사항 화분에 물기가 고여 뿌리가 썩는 현상을 방지하려면 봄이나 여름에 필요할 때마다 분갈이를 해주어야 합니다. 식물의 성장이 활발한 이 시기에는 양분이 부족한 해묵은 흙을 치우고 신선한 양분을 충전해야 성장을 북돋울 수 있죠. 다육식물의 화분을 갈 때는 화분 바닥에 조그만 돌을 한 층 깔아주어야 물이 잘 빠지고 뿌리를 건강하게 지킬 수 있습니다. 77쪽에 분갈이를 해야 하는 이유와 시기, 방법을 자세히 설명해놓았습니다.

에어플랜트

식물들이 공중에 매달린 채 중력을 거슬러 자라나는 실내를 상상해보세요. 식물들이 뿌리도 없이 천장에 매달려 있거나, 책장을 따라 자유롭게 뻗어 있거나, 벽 앞에 둥둥 뜬 것처럼 보이는 공간 말이죠.

에어플랜트air plants, 땅에 뿌리를 내리지 않고 나무나 바위에 붙어 뿌리로 공중 부유물과 습기를 빨아들여 사는 식물에 대해 제대로 알기 전까지 우리는 이 식물이 실내를 장식한 모습을 한 번도 보지 못했죠. 그러던 중 로즈가 샌프란시스코에서 원예용품점에 들렀다가 책과 골동품 사이에 무심히 놓인 에어플랜트 몇 개를 발견했어요. 로즈는 곧장 에어플랜트에 빠져버렸고, 이후 에어플랜트는 우리가 무척 좋아하는 가족이 되었습니다.

에어플랜트 또는 틸란드시아tillandsia, 틸란드시아는 '속명'으로 그 아래에 여러 종을 포함한다는 파인애플과에 속하는 상록식물로 5백 여 종에 달해요. 야생에서는 대개 다른 풀이나 나무를 받침대 삼아 뿌리를 드리우고 살아갑니다. 에어플랜트의 종류가 다양하다는 점은 원산지가 널리 퍼져 있음을 암시해요. 플로리다주의 숲에서 멕시코, 과테말라, 남아메리카, 아르헨티나, 칠레의 산맥과 사막에 이르기까지 꽤 넓게 분포합니다.

놀라운 사실은 이처럼 자연 서식지가 다양한데도 에어플랜트가 보살핌을 별로 필요로 하지 않는다는 점입니다. 그 이유는 느리게 성장하기 때문이죠. 하지만 이 식물이 공기만 있으면 살 수 있다고 생각한다면 오해입니다. 사실 에어플랜트는 야생에서 잎을 통해 물과 영양분을 흡수하면서 생존하기에 뿌리나 흙이 필요하지 않고, 실내에서 키울 때도 물 주기나 가지치기를 최소한으로만 해도 괜찮죠.

에어플랜트는 잎 사이로 공기가 잘 통해야 한다는 사실을 기억하세요. 습기를 빨아들이는 표면이나 꽉 막힌 상자는 피해야 해요. 또 몇몇 금속은 이 식물에 독이 될 수 있으니, 낚싯줄이나 실을 이용해 걸어두세요.

에어플랜트는 아이가 키우기에도 환상적인 실내식물이에요. 관리가 많이 필요하지 않은 데다 손으로 만져도 크게 영향을 받지 않기 때문이죠. 반려동물에게도 해가 되지 않아요.

빛　　　세로그라피카(206쪽) 같은 몇몇 종은 직사광선을 필요로 하지만, 대부분의 에어플랜트는 환한 간접광이 적합해요. 원래 풀이나 나무에 붙은 채 햇빛이 부분부분 가려지는 환경에서 살았기 때문에 강하지만 어른어른 비치는 빛에 적응해 있죠. 그래서 이 식물은 보통 실내에서 키우기 적합합니다. 여름철에 햇빛이 강하게 내리쬐는 창가 정도만 피하면 돼요. 직사광선 아래서는 식물이 누렇게 시들거나 쪼그라들고 탈수 증상을 보일 수도 있어요.

온도　　　낮에는 10~13℃ 사이, 밤에는 그보다 시원한 실내 온도가 대부분의 에어플랜트 종에 적합해요. 따뜻한 방에 에어플랜트를 놓아두고 싶다면 건조해지지 않도록 물을 더 자주 주어야 하고요. 또 이 식물이 매우 강인하긴 하지만 추운 계절에 서리가 끼는 건 막아줘야 해요. 쇼크로 갑자기 죽어버릴 수 있기 때문이죠. 물기를 머금은 촉촉한 상태에서 찬바람이 들거나 무척 온도가 낮은 환경에 노출시켜서도 안 됩니다. 돌이킬 수 없는 손상을 입을 수도 있거든요.

습도　　　몇몇 종은 원래 서식지가 어디였는지에 따라 원하는 습도가 달라집니다. 55쪽에 에어플랜트의 원산지에 대해 자세히 정리해두었으니 참조하세요. 아니면 에어플랜트를 키울 만한 최적의 실내 환경을 이야기하는 4장 '식물과 함께 사는 집'(127쪽)을 펼쳐봐도 됩니다.

개화　　　봄과 여름에는 꽃을 피우는 길쭉한 줄기('꽃차례'라 부른다)가 잎 한가운데로 올라오면서 에어플랜트들이 꽃을 피우기 시작해요. 분홍, 보라, 노랑처럼 화려하고 다채로운 색깔의 꽃들이 피어나죠. 빛을 적당히 비춰주면 이오난사 같은 종은 온몸에 '홍조'를 띠기도 해요. 꽃이 피기 전에 잎끝 혹은 전체가 붉은색으로 변하는 겁니다.

꽃을 피우기 가장 쉬운 종은 이오난사, 분지, 세로그라피카예요. 이오난사는 9개월마다 꽃을 피우지만 개화 시기는 매우 짧아요. 세로그라피카는 그보다 덜 주기적이지만 한 번 멋진 꽃이 피면 최대 1년까지 가기도 하죠.

꽃을 피운 후 에어플랜트는 대개 새끼포기 즉 '자손'을 생산하고는 서서히 시들기 시작하는데, 이 과정에 몇 달이 걸리기도 합니다. 새끼포기는 어미 식물의 몸에 달라붙은 채 새로운 덩어리를 이루거나 어미 식물에서 떨어져 나와 독립적인 식물이 됩니다. 자세한 설명은 118쪽을 참조하세요.

꽃을 피우는 데 실패했다면 에어플랜트의 모든 종은 꽃을 피우지만, 그중 상당수는 꽃을 피울 수 있을 만큼 성숙하는 데 몇 년이 걸립니다. 질소가 풍부하게 든 액상 해초 비료를 물에 타서 주면 도움이 될 수 있어요. 그리고 각 식물에 따라 최적의 조도와 온도를 맞춰 주어야 합니다.

왼쪽부터 틸란드시아 코튼캔디, 카풋 메두사

물 주기

대부분의 에어플랜트는 물 주는 방법이 비슷하지만 물을 주기 전에 에어플랜트가 어디서 왔는지 알아봐야 합니다. 초록색의 얇은 잎을 가진 종들은 열대우림처럼 습한 곳이 고향이라 물을 많이 저장할 필요가 없었죠. 이런 종들은 적어도 일주일에 한 번은 물에 푹 적셔줘야 해요. 또 주기적으로 분무기를 이용해 물을 뿌려주는 게 좋고, 애초에 부엌이나 욕실 같은 습한 실내에서 더 잘 살아요. 붇지, 카풋 메두사(왼쪽 페이지 두 번째 사진, 175쪽), 불보사(왼쪽 페이지 세 번째 사진, 177쪽), 스패니시모스(211쪽)가 여기에 해당합니다.

잎이 두껍고 은색을 띠는 에어플랜트 종들은 건조한 지역이 원산지예요. 잎을 은색으로 보이게 하는 '사상체'라는 털은 수분을 더 흡수하는 역할을 합니다. 이런 종들은 잎 사이에 물기가 맺히지 않도록 공기가 잘 통하는 곳에서 키워야 합니다. 일주일에 한 번 정도 물에 푹 담가주고, 따뜻한 날씨에는 분무기로 물을 뿌려주면 좋아요. 세로그라피카(206쪽), 이오난사, 옥사카나(왼쪽 페이지 첫 번째 사진, 209쪽)가 가장 흔한 종이죠.

에어플랜트는 물을 많이 주는 것만으로는 잘 죽지 않아요. 따뜻한 계절이라든지 집이 건조한 경우라면 일주일에 한 번은 물을 주고, 식물이 탈수 증상을 보이는 것 같다면 횟수를 더하는 게 좋아요.

에어플랜트에 물을 줄 때는 두 가지를 꼭 기억하세요. 첫 번째, 물을 준 다음에는 식물을 살살 털어서 여분의 물기를 없애줘야 합니다. 그래야 잎 사이사이가 썩지 않아요. 에어플랜트를 뒤집어 말려주는 것도 여분의 물기를 쉽게 제거하는 좋은 방법이에요. 또 정오 이전에 물을 주어야 밤이 되기 전에 식물이 충분히 마를 수 있어요. 식물이 충분히 마르기 전 한기가 돌면 장기적으로 손상될 수 있다는 점을 잊지 마세요.

두 번째는 '올바른 물'을 주어야 한다는 겁니다. 먼저 원래 살던 자연환경을 고려해 상온의 물을 주어야 해요. 여러분이 센물이 나오는 지역에 산다면 수돗물의 칼슘 농도가 높아 사상체가 손상을 입을 수 있어요. 이때는 바깥에 양동이를 내놓아 빗물을 모은 다음, 분무기에 담아 뿌려주거나 작은 그릇에 빗물을 붓고 식물을 담그는 것이 가장 좋아요. 빗물을 모을 수 없다면 시판 생수나 정수된 물을 사용해보세요.

가지치기와 관리하기

에어플랜트는 몸통 한가운데에서 새로운 잎을 만들어내기 때문에 가지치기가 어렵지 않아요. 땅에 뿌리를 내리지 않는 '공기 식물'이므로 뿌리 다듬기도 수월한 편이죠.

뿌리 다듬기　　　에어플랜트가 자기 몸을 받쳐줄 또 다른 지지대를 찾아 가늘고 뻣뻣한 뿌리를 뻗는 경우가 있어요. 이런 뿌리를 잘라내고 다듬어줘도 식물에는 아무런 해가 되지 않아요.

잎이 떨어짐　　　오래된 잎이 서서히 말라서 떨어져나가는 것은 자연스러운 현상이니 마른 잎이 보이면 살살 아래쪽으로 밀어내 제거하면 됩니다. 하지만 잎이 잘 떨어지지 않고 억세다면 그 잎은 아직 건강하다는 뜻이니 가만히 두세요. 에어플랜트에서 잎이 너무 많이 떨어진다면 햇빛의 양이나 온도, 습도가 적당하지 않아서일 가능성이 높습니다. 50쪽을 참조해 식물을 놓을 적당한 장소를 찾아보세요.

잎이 둥글게 말림　　　대개 물이 부족하다는 뜻이므로, 물을 더 자주 줄 필요가 있어요.

식물이 마르거나 쪼글쪼글해짐　　　직사광선을 지나치게 많이 쬐어 잎이 상하고 그을었을 수 있으니 얼른 물을 충분히 주고 더 적당한 장소로 옮기세요. 또 다른 원인은 탈수인데, 그 경우 하룻밤 동안 식물을 물에 푹 담가 수분을 보충하고 건강을 되찾을 때까지 물을 더 자주 줘야 해요. 다른 부위는 건강해 보인다면 마르거나 갈색으로 변한 부분만 가위로 비스듬하게 잘라내고 모양을 정리해주세요.

갈색으로 변하거나 썩음　　　잎의 밑동이 갑자기 갈색으로 변하면서 떨어진다면 습기가 쌓여 썩었을 가능성이 있어요. 불행히도 이 상태라면 여러분이 식물을 구할 방도는 없습니다. 앞으로는 에어플랜트를 키울 때 물을 주고 난 다음 여분의 습기를 잘 제거해야 한다는 사실을 꼭 기억하세요.

비료 주기　　　식물의 건강을 최대한으로 끌어올리기 위해서는 한 달에 한 번 질소가 풍부하게 든 유기농 액상 해초 비료를 물에 타서 보충해주면 좋아요. 그러면 꽃도 잘 피우고 더 잘 자랄 거예요. 하지만 비료를 너무 많이 주면 오히려 해가 될 수 있으니 권장량의 4분의 1로 희석해서 주는 게 좋아요.

열대식물

열대식물은 잎의 모양이 다양하고 무늬가 이국적인 데다 색깔도 진해서 순식간에 실내에 생동감을 불어넣어 줍니다. 다육식물보다는 자리를 많이 차지하지만 그 강렬한 존재감만으로 공간이 탁 트이는 느낌을 주죠. 화분 뒤의 벽이 사라진 듯한 착각이 들 정도로요. 공간이 제한적인 작은 도시의 아파트라면 침실이나 거실의 빈 구석을 열대식물로 채우는 것도 좋은 선택이 될 거예요.

열대식물은 다육식물이나 에어플랜트보다는 빨리 자라기 때문에 환경 변화에도 빨리 반응해요. 빛이 들거나 따뜻한 쪽을 향해 자라나며 물을 주고 나면 잎이 펼쳐지죠. 실내에서 열대식물이 잘 적응하고 자리 잡는 모습을 보면 식물을 보살피는 보람이 느껴져요. 열대식물이 우리에게 주는 게 더 있는데, 이들의 잎은 햇빛의 양이 줄어도 광합성을 하도록 적응되어 있어 실내에서 기르는 다른 식물보다 더 효율적으로 실내 공기를 정화해주죠. 대기 오염이 무척 심각한 인도의 델리 같은 도시에서는 실내에서 기르는 아레카야자, 스파티필룸, 돈나무 같은 열대식물이 공기 속의 다양한 독소를 상당히 줄여줍니다. 우리 집에서도 이 식물들은 벤젠, 폼알데하이드, 이산화탄소 같은 화학물질을 제거하고 그 자리에 산소를 넉넉히 채워주죠.

우리는 이 책에서 꽃을 피우는 식물보다는 관엽식물잎사귀의 모양이나 빛깔의 아름다움을 보고 즐기기 위해 재배하는 식물에 초점을 맞췄어요. 자라는 데 햇빛이 덜 필요하고 잎의 모양과 무늬가 더 흥미롭거든요. 색깔이 얼룩덜룩한 무늬는 열대식물에 꽤 흔히 나타나요. 피쿠스, 필로덴드론, 엽란의 잡종만 살펴봐도 그렇죠. 하지만 이 식물들은 보통 그리 튼튼하지는 않아요. 이 책에서 소개하는 관엽식물은 전부 아열대나 열대 지방이 원산지여서 반그늘이 진 환경에 적응되어 있는 만큼, 간접광이 있거나 조도가 낮은 실내 환경에 적합해요.

돌보기 쉬운 식물부터 식물을 돌보는 것에 서툴다면 엽란(134쪽)과 산세비에리아(187쪽), 접란부터 도전해보세요.

이 책에서 우리가 이야기하는 식물들은 회복력이 강한 편이긴 하지만, 그럼에도 열대식물은 다육식물이나 에어플랜트보다 물을 자주 주어야 한다는 사실을 꼭 기억하세요. 열대식물은 손이 많이 가긴 하지만, 욕실이나 부엌처럼 습도가 높은 실내에서 키우기에 적당한 아이들이랍니다.

빛　　열대식물에 필요한 빛의 강도와 일관성은 종마다 크게 달라요. 심지어 같은 종 안에서도 차이가 나죠. 예를 들어 피쿠스속 중 우리에게 익숙한 고무나무는 간접광을 좋아하지만 모람은 그늘진 곳에서만 살 수 있어요. 열대식물은 대부분 직사광선 대신 한 번 투과해 들어오는 빛을 좋아합니다.

창문으로 드는 자연광은 식물의 한쪽 면만 비추어 반대쪽 면은 늘 그늘지기 쉬우므로, 식물이 고루 성장하게 하려면 한번씩 화분을 돌려주어야 해요.

열대식물의 잎은 그 식물이 빛을 적당히 받고 있는지 가르쳐주는 실마리가 된답니다. 식물이 받는 빛이 너무 적을 때와 많을 때 나타나는 흔한 증상을 68쪽에 정리해놓았어요.

온도　　대부분의 실내식물은 낮에는 10~13℃, 밤에는 그보다 더 서늘한 온도에서 잘 자랍니다. 최악은 온도가 갑자기 널뛰기하는 환경이니, 추운 계절에는 찬바람이 드는 창문이나 문가에 두지 마세요. 라디에이터를 비롯한 난방 기구는 실내 온도를 극적으로 변화시킨다는 사실도 잊지 마세요. 여름철에는 에어컨에서 나오는 급작스러운 찬 공기로 식물이 충격을 받지 않도록 조심해야 합니다.

습도　　보통 식물이 호흡하려면 신선한 공기가 필요하므로, 한번씩 창문을 열어 가볍게 환기해주세요. 따뜻한 계절에는 실내 공기가 답답해지기 쉬우니 특히 환기에 신경을 써야 합니다. 고사리 같은 열대식물은 높은 습도를 좋아해서 욕실 같은 공간을 편안하게 느껴요. 실내에서 키우는 대부분의 열대식물에 꼭 물을 뿌려줄 필요는 없지만, 건강하게 키우려면 흙에 물기를 적셔주는 것이 가장 좋아요.

휴지기 온난한 기후가 원산지인 대부분의 실내식물은 겨울철이 휴지기지만, 열대식물은 계절을 크게 타지 않습니다. 대신 비의 양에 반응하기 때문에 겨울철이면 물 주는 횟수를 줄이고 비료를 아예 끊어 휴지기를 주는 게 좋아요. 또 식물이 시들지 않는지 잘 살피면서 조심스럽게 물을 주어야 해요. 식물이 자라는 기미가 보이면 물 주는 횟수를 늘려도 됩니다. 봄이 시작되어 자연광이 강해지면 이런 조짐이 종종 나타나는데, 식물이 활성 성장기에 진입한다는 신호랍니다. 열대식물에 물을 주는 방법은 65쪽에 자세히 설명해두었어요.

칼라테아

물 주기

다육식물이나 에어플랜트에 비해 열대 관엽식물은 좀 더 신경 써서 수분을 공급해줘야 합니다. 정기적으로 물을 주는 것보다 식물이 필요로 할 때만 주는 게 중요해요. 열대 관엽식물의 대부분은 초봄과 늦여름 사이가 활성 성장기이기 때문에, 이때 물을 자주 주어야 해요. 반면에 휴지기인 가을과 겨울에는 물을 훨씬 적게 주어도 됩니다. 손가락 끝을 흙에 찔러넣어 흙의 맨 위 3cm 부분이 말랐다면 물을 줘야 합니다.

물을 주는 가장 빠른 방법은 줄기나 잎에 물이 튀든 말든 물뿌리개를 쓰는 것이죠. 또 다른 방법은 밑에서부터 물을 주는 것인데, 물이 든 통 안에 화분을 넣고 배수 구멍을 통해 식물이 필요한 만큼 물을 빨아들이게 하는 겁니다. 흙의 맨 윗부분이 촉촉해질 때까지 화분을 통 속에 그대로 두세요. 그런 다음 통에서 꺼내 받침대나 트레이에 받쳐 물을 빼주세요. 식물의 뿌리가 지나치게 물속에 오래 있으면 손상을 입거나 썩을 수 있으니 조심해야 합니다. 또 밤이 되기 전에 물이 충분히 빠지도록 아침에 물을 주는 게 가장 좋고요.

만약 여러분이 센물이 나오는 지역에 산다면 상온의 정수한 물이나 빗물을 쓰는 게 좋아요. 센물을 장기적으로 줄 경우 식물이 석회나 칼슘으로 손상될 수 있기 때문이죠. 단물이 나오는 지역에 산다면 수돗물을 써도 괜찮지만, 상온 상태의 물이어야 합니다.

열대식물은 높은 습도를 좋아하니 며칠에 한 번씩 분무기로 잎에 물을 뿌려주세요. 뜨거운 여름철에는 물을 뿌려주기만 해도 열대식물의 열기를 가라앉힐 수 있지만, 직사광선이 비치는 상태에서 물을 뿌리면 잎이 타 들어갈 수 있으니 조심하시고요.

열대식물은 습도가 높은 곳에서 잘 살아가도록 적응되어 있으니, 따뜻한 계절에는 작은 배수용 돌을 깐 트레이를 화분 밑에 놓아 흙의 물기가 너무 빨리 마르지 않게 해줘야 합니다. 그러면 물을 주었을 때 넘친 물이 트레이에 모였다가 증발하면서 흙에 적당한 수분을 공급해주게 돼요. 물의 높이가 이 돌보다 높게 올라오면 뿌리가 썩는 역효과가 날 수 있으니 주의하시고요.

가지치기와 관리하기

열대식물을 가지치기할 때, 관리할 때 가장 중요한 건 그 식물이 지금 활성 성장기인지 휴지기인지 여부입니다. 성장기라면 보다 세심한 관리가 필요하고, 휴지기라면 1~2주 정도 내버려두어도 괜찮아요.

가지치기　　대부분의 실내 관엽식물은 굳이 가지치기를 하지 않아도 되지만, 가끔 다듬어주면 성장이 빨라져요. 특히 포복식물이나 덩굴식물은 잎과 가지가 더욱 풍성해지죠. 가지치기는 활성 성장기에만 해주는 게 좋아요. 줄기의 마디 위를 깨끗하게 잘라야 하는데, 이 부분에서 가지나 잎이 자라나거든요. 다 자란 식물이 오래된 잎을 떨구는 현상은 지극히 자연스러운 일입니다. 갈색의 마른 잎이 보인다면 보기 좋게, 새로운 싹이 잘 날 수 있게 뜯어주면 돼요. 그래도 걱정이라면 68쪽을 참조하세요.

청소하기　　먼지는 식물이 받는 빛의 양을 줄이고, 잎의 기공을 막아 식물이 효율적으로 숨을 쉴 수 없게 만들어요. 잎에 먼지가 쌓였다면 잎을 손으로 받치고 촉촉한 스펀지나 천으로 부드럽게 쓸어내세요.

비료 주기　　열대식물은 영양분을 챙겨주면 흠뻑 빨아들이면서 생생하게 잘 자랍니다. 집에서 쐐기풀 비료를 만드는 방법을 99쪽에 소개해두었어요.

휴가 때의 관리법　　적당한 온도만 유지된다면, 그리고 떠나기 전에 물을 충분히 주었다면 열대식물을 휴지기에 1~2주 내버려두는 정도로는 큰 문제가 생기지 않아요. 따뜻한 계절이라면 미리 물을 충분히 주고 직사광선이나 열기가 없는 곳에 놓아주세요.

화분 밑에 작은 돌을 깐 트레이를 받쳐두면 수분의 손실을 줄일 수 있어요. 화분 전체를 큼지막한 비닐봉지로 씌워 식물의 탈수 증세를 막는 방법도 있습니다. 하지만 그 상태로 일주일 이상 방치해두면 식물이 썩을 수도 있어 조심해야 합니다.

만약 봄이나 여름에 일주일 이상 휴가를 떠날 예정이라면 양동이나 욕조, 싱크대 안에 젖은 신문지를 깔고 그 위에 충분히 물을 준 식물을 올려놓으세요. 그 자리가 직사광선이 들지 않고 온도가 너무 급격하게 변하지 않는 곳인지 다시 한 번 확인하시고요.

산세비에리아

흔한 질병들

다음 증상의 원인은 여러 가지이므로, 가장 유력한 원인을 찾기 전까지는 성급하게 반응하지 않는 게 좋아요. 실내식물은 악화된 환경에 반응하는 속도가 우리 생각보다 꽤 느리기 때문에, 식물이 좋지 않은 증상을 보인다면 몇 주 전에 여러분이 어떻게 관리했는지를 되짚어본 다음 진단이나 처방을 내리세요.

잎이 갈변해 떨어짐 회복력이 강하지 않은 몇몇 열대식물은 창문에서 들어오는 외풍이나 에어컨 바람, 꺼졌다 켜졌다 하는 중앙난방 등으로 인한 급작스런 온도 변화에 더 취약해요. 잎을 갈변시키고 떨어지게 만드는 또 다른 원인은 물을 너무 적게 주었거나, 지나치게 건조한 환경이에요. 수분을 충분히 공급하고, 집에 습도가 더 높은 방이 있다면 식물을 그곳으로 옮기세요. 집이 전체적으로 무척 건조하다면 하루에 한 번씩 분무기로 식물에 물을 뿌려주세요. 그늘을 좋아하는 종이라면, 윗부분의 잎이 갈변되는 현상은 직사광선을 너무 많이 쬐었기 때문일 수 있어요. 이럴 땐 식물을 그늘진 장소로 옮기고 말라붙은 잎을 잘라낸 다음 충분히 물을 주도록 하세요.

잎이 황변함 이따금 잎이 노랗게 변하는 것은 자연스런 현상입니다. 하지만 예전에 비해 황변 현상이 두드러진다면 칼슘이 많이 들어간 센물을 주었거나, 차가운 외풍을 쐬게 했을 가능성이 있어요. 무엇보다 가장 유력한 원인은 잘못된 물 주기 습관이라고 봐요. 물을 지나치게 많이 줘도, 지나치게 덜 줘도 잎이 노랗게 변할 수 있으니 평소 물을 얼마나 주는지 확인해보고 주기와 양을 적절히 조절하세요. 열대식물에 물 주는 방법에 대해서는 65쪽에 더 자세히 설명해두었습니다.

식물이 썩음 지나치게 물을 많이 주었거나 방의 습도가 높기 때문이에요. 한 번 뿌리가 썩으면 회복하기 힘드니, 화분에 물이 잘 빠지는지 확인하고 흙이 말랐을 때만 물을 주어야 합니다.

잎이 생기가 없고 시듦 가장 유력한 원인은 직사광선을 지나치게 쬐었기 때문입니다. 특히 한낮에 잎이 축 늘어졌다면 말이죠. 그 외에 물을 너무 적게 준 탓일 수도 있어요. 가장 좋은 조치는 적당한 양의 물을 적당한 주기로 주면서, 필요할 경우 대나무와 실을 이용해 시든 줄기를 살짝 받쳐주는 거예요. 이렇게 일주일 정도 지나면 식물은 생기를 되찾을 겁니다.

말라붙은 극락조

열대 온실 테라리엄

영국 전역의 열대 온실에서 다양한 식물을 보며 영감을 얻은 우리는 시장을 돌아다니며 유리 그릇을 찾기 시작했어요. 테라리엄을 만들어 식물이 잘 자라지 못하는 그늘진 공간을 장식하려는 생각에서였죠. 열대식물은 직접광을 선호하지 않는 만큼, 특히 유리 안에 넣어서 그늘진 책장이나 침대 옆 탁자에 두기에 좋아요. 하지만 어느 정도의 자연광은 필요하므로 너무 어두운 곳 깊숙이 두지는 말아야 합니다.

유리 밑에나 유리 속에 식물을 넣는 일은, 이야기를 눈에 보이는 무언가로 바꾸어 또 다른 세상을 창조해내는 것 같은 묘한 만족감을 줍니다. 어린 시절 동화 같은 순수한 매력에 다시금 이끌리는 경험이기도 해요. 크리스털이나 다른 오브제로 장식을 더하면 이 마법 같은 순간은 한층 극대화된답니다.

유리 용기를 선택할 때는 입구가 널찍한 병부터 크고 작은 어항까지 마음에 드는 것으로 고르면 돼요. 완전히 또는 부분적으로 밀폐된 용기는 유리 안의 습도를 증가시켜 열대식물이 실내 환경에 더 쉽게 적응하고 살아갈 수 있게 만들어줍니다. 그러나 선인장이나 다육식물은 습도가 높을 경우 썩으므로, 유리 안에 넣지 않는 게 좋아요.

먼저 유리 용기를 깨끗이 닦아주세요. 소독한 뒤에는 화학 성분이 식물을 오염시키지 않도록 깨끗이 헹궈서 며칠간 바람에 말립니다.

입구가 좁은 용기를 쓸 경우 식물이 자리를 잡으면 젓가락이나 꼬치, 코르크 같은 주방도구를 사용해 안전하고 깨끗하게 청소해야 해요. 비료를 줄 때도 임시변통으로 삽 대신 숟가락을, 갈퀴 대신 포크를 사용할 수 있어요. 우리는 긴 숟가락을 가장 유용하게 쓰고 있는데, 손이 잘 닿지 않는 곳으로 돌이나 흙을 옮길 때는 숟가락의 둥근 끝을 활용하고 손잡이의 끝부분으로는 구멍을 뚫거나 적당한 장소에 배양토에 밀어 넣는 식이죠.

테라리엄에 가장 적합한 식물은 높은 습도와 간접광에서 잘 자라는 안개공작 고사리, 문밸리 프렌드십 플랜트, 스트로베리 베고니아, 단추 고사리, 수박 필레아, 폴카닷 플랜트 등이에요. 가장 키가 큰 종 하나를 중심으로 삼고, 높이가 다른 종 둘로 균형을 맞춰 심어줍니다.

야생에서 자란 식물에는 박테리아와 곤충이 숨어 있어 테라리엄을 망쳐버릴 수도 있으니 조심하세요. 테라리엄 식물은 대부분 원예용품점이나 꽃집에서 살 수 있어요. 식물의 관리법을 확인하고 기를 만한 식물을 고르면 됩니다. 식물들이 자랄 수 있는 충분한 공간이 필요하므로 너무 많이 심지는 마세요.

다른 실내식물과 마찬가지로 테라리엄 주변의 습도와 빛을 일정하게 유지해줍니다. 갑자기 기온이 변할 수 있는 곳에는 두지 마시고요. 테라리엄 안에 물방울이 맺히면 직사광선을 덜 받는 서늘한 장소로 옮기세요.

관리가 쉽고 공간을 많이 차지하지 않는 테라리엄은 직사광선이 덜 드는 침대 옆 탁자나 책장에 두기에 안성맞춤이죠. 테라리엄은 여러분의 마음을 자극해 머나먼 나라의 환상에 젖게 만들어줄 거예요.

도구와 재료

유리 용기	활성탄
테라리엄용 식물	나무 숟가락
실내식물용 배양토	장식용 건조 이끼, 크리스털, 바위
자갈	원예용 장갑

1

필요하면 원예용 장갑을 낀다. 유리 용기 바닥에 자갈을 2.5cm 높이로 깐다. 자갈을 깔아두면 물의 순환을 돕고 배수를 원활하게 한다. 이어서 활성탄을 넣고 자갈과 섞어준다. 활성탄은 물이 고이지 않게 하고, 곰팡이를 막아준다.

2

유리 용기와 식물의 크기에 따라 배양토를 적당한 두께로 깔아준다. 작은 식물을 심으려면 5cm 두께로 깔아주는 것이 좋다. 손가락으로 배양토를 부드럽게 눌러 안에 있는 공기를 빼준다.

3

첫 번째 식물을 심을 위치를 정하고, 손가락으로 유리 용기 속 배양토에 구멍을 판다. 첫 번째 식물을 화분에서 꺼내 뿌리 주변의 배양토를 부드럽게 털어준 뒤 구멍에 넣는다. 한 손으로 식물을 똑바로 잡은 상태로, 배양토를 부드럽게 눌러 뿌리 주변의 공기가 빠지고 식물이 제자리를 잡을 수 있게 한다.

4

이 단계에서 나무 숟가락을 사용해 식물의 뿌리가 완전히 덮일 때까지 배양토를 추가할 수 있다. 단, 잎과 줄기는 밖으로 드러나야 한다. 뿌리가 상하지 않도록 조심한다. 끝나면 다른 식물도 3과 같은 방법으로 심는다.

5

깨끗한 천으로 유리 용기 안쪽을 청소하고, 필요하면 휴지나 붓을 가지고 식물의 잎을 부드럽게 닦아준다. 피펫이나 분무기를 사용해 각 식물의 밑부분에 물을 약간씩 준다.

6

건조 이끼, 크리스털, 바위 등으로 테라리엄을 장식해 꾸민다. 돌을 활용하면 연약한 식물을 고정시킬 수 있고, 작은 거울 조각을 넣으면 자신만의 작은 세계에 새로운 차원을 더해줄 수 있다.

테라리엄은 화분에서 키우는 실내식물보다 물을 적게 줘도 괜찮다. 손가락으로 만졌을 때 배양토 표면이 말라 있으면 물을 준다. 썩었거나 상태가 나빠 보이는 식물은 조심스럽게 빼내고, 건강한 식물로 바꿔 심을 수 있다. 식물을 보기 좋게 가꾸려면 시든 잎은 잘라내고, 과도하게 자란 줄기는 다듬어준다.

2장

식물 키우기

___

직접 만든 화분에 식물 심기, 분갈이하기

식물의 본질에는 우리를 느리게 만드는 무언가가 있어요. 우리를 땅으로 돌아가게 하고, 양육이라는 선천적인 욕구를 일깨웁니다.

다른 생물이 잘 자라는 모습을 지켜보는 것은 보람된 일이에요. 어떤 작은 다육식물은 둥글납작한 잎들이 미세하게 조금씩 자라는 반면, 또 어떤 다육식물은 몇 년간 서늘한 긴장감 속에서 조용히 있다가 어느 날 갑자기 꽃을 활짝 피워 우리를 놀라게 해요. 이런 독특한 매력은 식물과 함께 사는 삶의 즐거움이지만, 식물을 돌보는 법을 익히기란 조금 까다로울 수도 있습니다.

일단 식물을 잘 자랄 만한 장소에 놓아두면, 식물이 점차 자라면서 새로운 공간으로 뻗어나갈 거예요. 선인장 같은 경우 햇빛이 들어오는 방향으로 자라나죠. 덩굴식물 같은 식물은 새로운 땅을 찾아 기근공기뿌리, 땅속에 있지 않고 밖으로 나와 있는 뿌리를 뜻한다를 만들기도 합니다. 이 시점에서 여러분은 식물을 그대로 자라게 둘 것인지 아니면 가지치기를 해서 크기를 유지할지 결정해야 해요. 이 결정이 식물의 성장에 영향을 줄 수 있거든요.

이 장에서는 식물을 건강하게 잘 키우는 방법과 실용적 조언들을 드리려 합니다. 여러분이 좋아하는 식물이 해마다 꽃을 피울 수 있게 돕는 필수 재료와 간단한 도구를 포함해, 적당한 용기를 고르고 유기농 배양토를 직접 만드는 방법, 가벼운 코이어-콘크리트 화분을 찾는 요령까지 다룰 거예요.

화분 고르기

실용적이긴 하지만, 흔한 플라스틱 화분은 별로 매력적이지 않죠. 조금만 돌아다녀 봐도 매력을 뽐내는 다양한 화분을 찾을 수 있어요.

우리는 여러 식물을 같이 배치할 때, 각 식물의 개성을 살려 다양한 색깔과 모양, 질감을 가진 화분을 고릅니다. 기본 화분은 대부분 생활용품점이나 원예용품점에서 살 수 있어요. 그러나 좀 더 특별한 스타일을 찾는다면 벼룩시장이나 박람회, 중고매장을 노려보세요. 흥미로운 화분을 합리적인 가격에 구할 수 있답니다.

플라스틱 화분을 버리고 새 화분에 옮겨 심을 생각이라면, 가장 중요하게 살펴야 할 사항은 바로 배수 구멍입니다. 물을 넘치게 주었을 경우 배양토를 통과한 물이 이 배수 구멍으로 배출되어야 식물 뿌리에 물이 고이고썩는 일이 생기지 않죠. 한편 식물의 건강에 영향을 줄 수 있는 화분 소재도 고려해야 합니다. 아래에서 자세히 설명할게요. 배수 구멍이 없는 화분이 마음에 든다면 화분 바닥에 배수용 자갈을 한 층 깔고, 그 위에 원래 화분을 그대로 넣어서 식물 뿌리가 절대 물에 잠기지 않게 해야 합니다.

플라스틱 화분 쉽게 구할 수 있고 저렴하며, 물이 흐를 수 있는 배수 구멍도 적절히 있으면서 오랜 시간 수분을 유지해줍니다. 크기가 다양해 원래 화분보다 조금 더 큰 화분으로 분갈이해야 할 때도 도움이 되고요. 하지만 약하기 때문에, 무겁거나 큰 식물을 심기에는 적합하지 않아요.

유약을 칠하지 않은 테라코타 화분 전통적인 테라코타 화분은 생김새는 소박하지만, 다양하게 활용할 수 있어 지금까지도 실내 정원사들의 변치 않은 사랑을 받고 있어요. 표면에 구멍이 많은 다공질이 선인장이나 다육식물과 완벽하게 어우러져 수분을 흡수하고 남은 수분은 증발시킵니다. 또한 뿌리 주변 산소들이 자유롭게 순환하게 해 뿌리의 성장을 돕고 잘 썩지 않게 해주죠. 테라코타 화분은 물에 젖으면 무거워지고, 청소가 어렵다는 단점이 있지만 단단한 기반이 있어야 바로설 수 있는 큰 식물에 유용합니다. 분갈이하기 전에 새 테라코타 화분을 하룻밤 동안 신선한 물에 담가두어, 식물의 배양토에서 너무 많은 수분을 흡수하지 않게 하세요.

장식 화분　　　장식 화분이란 배수 구멍이 없는 화분을 말해요. 원래 화분을 대체하기보다는 원래 화분을 그대로 안에 넣어 보이지 않게 하는 용도로 쓰죠. 식물에 비해 화분이 너무 커 보이지 않도록 원래 화분보다 몇 cm만 큰 것으로 고르면 됩니다. 특이한 도자기부터 골동품 그릇에 이르기까지 디자인을 다양하게 선택할 수 있어요. 소재만큼은 방수가 되는지 꼭 확인하세요. 화분에 물을 줄 때마다 몇 시간 후 남은 물을 쏟아버려 뿌리가 물에 잠기지 않게 해야 합니다.

뿌리 화분　　　최근에 우리는 통기성이 좋은 화분에 실내식물을 키우기 시작했어요. 플라스틱이나 세라믹 화분은 식물 뿌리가 화분 가장자리에 닿으면 뿌리 기능을 제한하지만, 이런 혁신적인 화분은 뿌리가 계속해서 자랄 수 있게 해주거든요. 외부의 건조한 공기와 빛은 식물의 성장을 멈추게 하고 배양토 속으로 이차적 뿌리를 내리게 하죠. 이 자연 '가지치기'는 뿌리가 화분 가장자리를 따라 도는 것을 막고, 화분 안에서 성장에 집중할 수 있게 합니다. 화분을 없애거나 바꾸는 대신, 작은 화분을 큰 화분 안에 그대로 넣어 식물의 바깥쪽 뿌리가 계속 자랄 수 있게 해주는 거예요. 이것은 번식 작업을 할 때, 특히 어린 식물의 뿌리가 매우 약하고 외부 충격에 손상되기 쉬울 때 매우 유용하지요.
미생물에 의해 분해되는 생분해성에 재활용이 가능한 소재로 만든 이 화분은 받침대 위에 올려놓아, 넘치는 물이 자연스럽게 바닥으로 배수될 수 있게 해줘야 해요. 이런 다공성 화분은 배양토가 빨리 마르므로 꼭 주기를 잘 지켜서 물을 줘야 합니다.

스스로 물을 주는 화분　　　이 혁신적인 디자인이 모든 식물에 적합한 건 아니지만, 식물을 정기적으로 돌볼 수 없거나 휴가 기간 동안 식물을 대신 돌봐줄 친절한 이웃이 없는 경우라면 매력적인 선택지죠. 높은 습도를 선호하거나 지속적으로 습한 환경에서 자라온 열대식물을 심는 게 좋아요. 가볍게 디자인된 이 화분은 청소가 용이하고 겉모습보다 기능적인 면이 더 뛰어납니다.

화분 청소하기 감염이나 질병을 막으려면 중고 화분이나 사용한 적 있는 화분은 식물을 심기 전에 청소부터 해야 해요.
식초와 물을 1대3 비율로 섞은 물에 화분을 3분간 담근 다음 깨끗이 헹궈주세요. 테라코타 소재의 화분이라면 화분이 수분을 충분히 흡수할 수 있도록 분갈이를 하기 직전까지 물에 담가두세요.

왼쪽부터 종려나무, 중국 돈나무

코이어-콘크리트 화분

집에 새로운 식물을 들일 때, 식물의 독특한 개성을 받쳐줄 적당한 화분을 찾기란 쉬운 일이 아니죠. 금속, 나무, 세라믹, 콘크리트…. 우리는 유기농과 인공 과정 사이의 관계를 살펴보다가 커다란 영감을 받았어요. 식물의 섬세함이, 홈메이드 콘크리트 화분의 거칠고 단단한 성질과 환상적으로 대비되어 오히려 조화를 이끌어내는 거예요. 이건 몇 가지 중요한 재료만 있으면 누구나 집에서도 만들 수 있어요.

무게가 가벼운 코이어-콘크리트 화분은 로즈의 초기 실험 중에 얻은 결과물이었어요. 로즈는 튼튼하면서도 시장에서 가판대에 놓고 팔 수 있을 정도로 너무 무겁지는 않은 콘크리트 혼합물을 연구하고 있었거든요. 건조시키는 데 시간이 오래 걸리긴 했지만, 시멘트와 다른 재료를 혼합해서 더 가볍고 개성 넘치는 화분을 찾아낼 수 있었던 거예요.

친구가 우리에게 더 가벼운 콘크리트 화분을 만들려면, 주로 혼합해서 쓰는 피트모스 대신 코이어코코넛 껍질에서 추출한 섬유를 써보라고 하더군요. 그렇게 만들어진 코이어-콘크리트 화분은 연마 작업을 거치면 얼룩덜룩한 결이 만들어지고, 레시피에 들어간 질석과 마찬가지로 멋진 질감을 선사해요. 놀랍도록 가볍기도 하고요.

이 기본 레시피로 만들 수 있는 가벼운 화분은 크고 작은 틀에 잘 맞고, 일반 콘크리트 화분보다 굳는 데 시간이 오래 걸리지만 탄성은 더 뛰어나요.

먼저 모양이 비슷한 틀로, 안쪽과 바깥쪽 틀을 고르세요. 안쪽과 바깥쪽 틀의 크기가 2~3cm 정도 차이가 나야 벽 두께를 고르게 할 수 있어요. 조금 더 깔끔하게 작업하고 싶다면, 바깥쪽 틀은 뚜껑을 닫고 흔들어 재료를 섞을 수 있는 플라스틱 소재의 뚜껑 달린 틀로 고르세요. 안쪽과 바깥쪽 틀 모두 금속, 유리, 매우 단단한 플라스틱 소재나, 굳힌 다음 떼내기 힘든 귀가 달린 틀은 쓰지 않는 게 좋아요.

이 화분에 식물을 바로 심을 생각이라면 화분이 완전히 마르기 전에 드릴을 사용해 바닥에 작은 배수 구멍을 뚫어주세요. 구멍을 뚫었으면 남아 있는 먼지를 털어내고 충분히 헹구어주시고요. 아니면 식물을 심은 플라스틱 화분 채로 콘크리트 화분 안에 넣어 배수가 될 수 있게 해도 됩니다.

작업을 실내에서 해야 하는 상황이라면, 혹시 뭔가를 엎지를 수도 있으니 환기가 잘 되는 곳에서 해야 해요. 작업하는 내내 장갑은 꼭 착용하시고요. 시작하기 전에, 화분을 놓아두고 말릴 만한 깨끗하고 평평한 장소가 있는지 미리 확인하세요. 그러지 않으면 마무리가 엉망이 될지도 모르니까요.

아디안툼

도구와 재료

안쪽 틀과 바깥쪽 틀	회색 또는 흰색 포틀랜드 시멘트 1
걸레 또는 티타월	질석 또는 펄라이트 1
작은 돌멩이 또는 모래	코이어 1
비닐봉지, 물, 방진마스크, 장갑, 숟가락, 칼	물 3

1

방진 마스크와 장갑을 착용한다. 시멘트, 질석, 코이어를 바깥쪽 틀에 절반만 넣고 섞는다. 틀에 뚜껑이 있다면, 한 손으로 뚜껑을 꽉 닫고 재료가 섞이게 흔들어준다. 뚜껑이 없을 경우 숟가락으로 재료를 고르게 섞어준다.

2

여기에 준비한 물의 3분의 2 정도만 넣어, 1과 마찬가지로 뚜껑을 닫고 흔들거나 숟가락으로 섞어준다. 남은 물을 추가로 넣어주며 코티지 치즈 같은 상태로 만들고, 남은 물은 버린다.

3

안쪽 틀에 작은 돌멩이나 모래를 넣어 채운다. 이렇게 하면 전체적으로 형태를 유지할 수 있게 도와줄 것이다. 안쪽 틀을 바깥쪽 틀 가운데에 넣어서 화분 모양을 만든다. 바깥쪽 틀에 담은 혼합물이 안쪽 틀 위로 넘치면, 혼합물을 최소 2cm 높이만큼 덜어낸다. 바깥쪽 틀과 안쪽 틀이 평행을 이루도록 줄을 맞춘다. 이제 방진 마스크는 벗어도 된다.

4

화분을 굳히기 전에, 틀 바닥을 톡톡 두드려 기포를 빼야 표면이 매끄러워진다. 거친 질감을 연출하고 싶다면 바닥을 두드리지 않는다. 그다음, 비닐봉지 안에 넣고 48시간 동안 굳힌다. 화분을 꺼내서 테두리를 만져본다. 단단한 느낌이 들지만 여전히 살짝 축축하게 느껴질 것이다. 만약 바스러지는 느낌이라면 다시 봉지 안에 넣고 몇 시간 더 굳힌다.

5

화분이 굳으면, 안쪽 틀에 담긴 돌멩이와 모래를 꺼내고, 테두리를 찌그러트리거나 자른 다음 잡아당겨서 안쪽 틀을 빼낸다. 바깥 틀을 제거하고 화분을 꺼내려면 위아래를 뒤집어서 손바닥이나 발꿈치를 대고 눌러 빼내거나, 메스 또는 칼로 플라스틱을 잘라낸다.

6

물기를 흡수하지 않는 바닥 위에 걸레나 타월을 놓고, 그 위에 화분을 올려 2주간 완전히 굳힌다.

국내에서 코이어를 구하려면 '코이어 행잉 바스켓 라이너(속지)'를 구입해 잘게 부숴 사용하거나, 아마존에서 'coir'를 직접 구매해 사용하면 된다.

분갈이하기

뿌리는 식물의 성장과 건강에 필수적이죠. 줄기에 영양분과 물을 전달할 뿐 아니라 식물의 몸통을 지탱하는 닻 역할도 하니까요. 작은 화분을 사용하면 뿌리가 쓸 수 있는 공간이 부족해지면서 식물의 성장을 제한하게 됩니다. 이때는 분갈이를 해주는 것이 좋아요. 분갈이란 어린 식물을 처음 화분에 심는 것을 포함해, 화분에서 더 큰 화분으로 옮겨 심는 것을 뜻합니다.

분갈이 시점을 알고 싶다면, 화분의 배수 구멍 밖으로 뿌리가 삐져나오거나 화분이 불룩해 보인다든지 식물이 쇠약해 보이는 등 겉으로 드러난 신호를 잘 살펴봐야 해요. 식물을 더 큰 화분으로 옮겨 심어야 할 때를 정확히 알려면 뿌리를 살펴봐야 합니다.

뿌리를 확인하는 방법은 식물마다 달라요. 열대식물이나 잎이 무성한 다육식물은 줄기와 배양토가 만나는 식물의 밑부분을 손가락 사이에 끼워 조심스럽게 지탱한 다음 손가락을 쫙 펴고 손바닥으로 배양토 표면을 받쳐주세요. 위아래를 뒤집어 식물을 빼내줍니다. 성장에 필요한 자원을 찾아서 비대하게 자라난 뿌리는 둥글게 무리를 짓고 화분 밑부분에 한 덩어리를 이루고 있을 거예요. 식물의 뿌리가 화분에 꽉 차게 자라면, 온도와 습도 변화에 매우 취약해집니다. 분갈이를 싫어하는 애크메아 파스키아타 같은 몇몇 종들을 제외하고, 대부분의 식물은 분갈이를 하지 않고 그대로 두면 괴로워해요.

식물이 화분에서 쉽게 빠지지 않으면 배수 구멍으로 연필을 넣어서 안에 있는 배양토를 부드럽게 골라주세요. 플라스틱 화분은 찌그러트려서 식물을 빼내도 됩니다. 식물을 꺼냈을 때 뿌리가 보이지 않고, 배양토가 신선하고 뭉치지 않은 상태라면 화분에 다시 넣고 평소대로 돌봐주세요. 뿌리가 뚜렷이 보이거나 화분 아래쪽에 하얗게 덩어리져 있고 배양토가 별로 없는 상태라면, 그때는 분갈이를 해줘야 합니다.

비료 주기 큰 화분에 심은 식물이나 손이 타는 걸 좋아하지 않는 섬세한 품종은 분갈이를 하는 대신 매년 봄에 오래된 배양토 표면을 걷어내고 신선한 배양토를 넣어주면 식물의 영양분을 보충할 수 있어요.

스킨답서스

분갈이하기 가장 좋은 시기는 성장이 제일 활발하게 이루어지는 초봄입니다. 활성 성장기에 식물의 뿌리는 물과 영양분을 잘 흡수하고, 물이 고여서 썩는 일도 없죠. 분갈이는 영양분이 빠진 오래된 배양토를 없애고, 성장을 북돋울 신선한 영양분을 채워줄 수 있는 좋은 방법이에요.

분갈이를 하기 전 마음에 드는 화분을 골라 깨끗하게 씻어두세요. 화분을 고르는 올바른 방법과 준비에 대해서는 79~80쪽에 자세히 설명해두었어요. 식물이 최적의 건강 상태를 갖추려면 물이 화분을 자유롭게 통과해야 하는데, 그러려면 화분 바닥에 배수 구멍이 적어도 하나 이상 있어야 해요. 식물을 원래 화분보다 더 큰 화분으로 옮겨 심는 과정에서 식물이 상하거나 썩을 수도 있어요. 남는 배양토가 물에 잠겨 식물의 뿌리를 썩게 만드는 거예요. 그러니 화분은 뿌리보다 2~4cm 정도로만 큰 것으로, 신중하게 고르세요.

1　　식물을 화분에서 꺼낸 다음 배양토에 해충이나 썩은 흔적이 없는지 확인한다. 썩거나 뭉친 배양토는 뿌리가 다치지 않도록 조심하며 떼어낸다. 배양토를 부드럽게 문질러서 여분의 배양토는 털어내고 뿌리는 가지런히 한다. 잎이 구부러지지 않게 조심하면서 깨끗한 바닥에 식물을 내려놓는다.

2　　새 화분에 배수 구멍이 하나뿐이라면, 새로운 배양토에 물을 줄 때 그대로 흘러나가지 않도록 바닥에 깨진 도자기 조각이나 거즈, 신문 등을 깔아준다. 배수 구멍이 많은 플라스틱 화분은 배수 층이 따로 필요하지 않으니 바로 배양토를 넣으면 된다.

3　　화분에 배양토를 한 층 깔아준다. 95쪽을 참조해 직접 배양토를 만들거나 좋아하는 원예용 품점에서 실내식물용 배양토를 구입하자. 줄기 끝부분과 배양토가 화분 상단 테두리 2cm 지점에 오도록 배양토를 더 넣어준다. 이 지점에서 식물이 안정적으로 자리를 잡을 수 있다. 식물 뿌리를 가지런히 한 다음, 화분 안에 조심스레 넣는다.

4　　숟가락이나 작은 모종삽을 가지고 식물이 바로설 수 있도록 뿌리 끝부분 둘레에 새로운 배양토를 고르게 더 채운다. 물을 줄 때를 고려해 위 2cm 정도는 채우지 말고 남겨둔다. 화분 가장자리를 부드럽게 두드려 배양토를 고르게 한다. 너무 눌러서 단단하게 다질 필요는 없다.

5　　마지막으로 물을 담은 그릇에 화분을 넣고 식물이 밑에서부터 물을 흡수하게 한다. 배양토 윗부분까지 촉촉해질 정도로 충분히 물을 흡수했으면, 화분을 그릇에서 꺼내 물이 빠지게 한다. 열대식물을 옮겨 심은 경우, 새로운 환경에 적응하는 첫 일주일은 직사광선을 피해 그늘진 곳에 둔다. 잎이 살짝 시든 것 같다면 매일 분무기로 물을 뿌려준다. 선인장과 다른 다육식물은 1~2주 동안 물을 주지 않는다. 뿌리가 분갈이 과정에서 손상됐다고 생각되면 1~2주보다 더 길게 물을 주지 않는다.

　　2장 식물 키우기

배양토

배양토는 반드시 필수 영양소와 적절한 수분을 함유하고 있어야 합니다. 수분과 산소가 원활히 순환하고 뿌리가 건강하게 성장하려면 배양토가 너무 단단해서는 안 되고요.

다목적 실내식물용 배양토가 실내 관엽식물 대부분에 잘 맞지만, 영양과 수분을 유지하는 성분이 추가되어 있어 선인장과 다른 다육식물에는 적합하지 않아요. 선인장 배양토에는 종종 배수를 돕는 모래와 같은 성분이 섞여 있어요.

그렇지만 시중에 유통되는 대부분의 배양토는 피트모스라는 성분을 함유하고 있어, 우리도 쓰지 않고 사람들에게도 권유하지 않아요. 늪이나 습지에서 채취하는 피트모스는 영양 가치가 없고, 재생 가능한 자원도 아니에요. 피트모스를 대체할 만한 가장 좋은 성분은 코이어죠. 우리는 모든 화분용 배양토에 이걸 섞어서 사용해요. 우리가 직접 만드는 배양토 레시피는 95쪽에서 소개하고요, 4장 '식물과 함께 사는 집'(127쪽)에서 각 식물에 적합한 배양토에 대해 이야기할 거예요.

식물에 영양분을 추가로 주고 싶다면, 다양한 재료를 배양토에 섞어주면 됩니다. 봄에 우리는 에코스라이브 사의 '차지(Charge)'라는 재료를 애용해요. 유기농 방식으로 키운 딱정벌레의 배설물로 만든 것으로, 영국토양협회의 유기농 인증서(Soil Association)를 받은 거예요. 2개월에 한 번씩 배양토 위에 뿌려주면, 물을 줄 때마다 차츰차츰 흡수되죠. 식물에 빠르게 흡수되어 빠르게 영양분을 공급하는 액체 비료를 사용해도 좋아요. 우리는 컴프리, 쐐기풀, 해초 같은 자연 성분을 좋아하는데, 시판 제품을 사거나 99쪽을 참조해 직접 만들 수 있어요.

에코스라이브 사의 차지를 대체할 재료 국내에서 구할 수 없으므로, '유기배양토'라는 이름으로 판매되는 제품을 구입해 사용하면 된다.
분갈이 후 관리하기 오래된 배양토가 새로운 배양토와 매우 다르게 보인다면, 식물의 중심 줄기 밑부분에 있는 오래된 배양토의 수분 정도를 확인해보세요. 식물의 뿌리가 자리를 잡고 뻗어나가기 시작하면 주변 배양토보다 물을 더 많이 주어야 해요. 그냥 오래된 배양토에 직접 물을 주면 됩니다.

칼라테아

홈메이드 배양토 레시피

1
열대식물용 배양토

이 배양토는 이 책에 나오는 모든 열대식물에 적합합니다. 기본 재료인 코이어는 습기를 유지해주고, 뿌리가 필요한 만큼 수분을 흡수하도록 도와주지요. 돌가루나 지렁이 분변토는 필수 미네랄을 함유하고 있어 배양토에 오랫동안 영양분을 공급하고, 식물의 건강을 향상시킵니다.

재료
코이어 8, 지렁이 분변토 2, 돌가루 약간, 에코스라이브 사의 차지 약간

TIP 열대식물을 번식시키려면 지렁이 분변토 비율을 1로 줄인다.

2
선인장과 다육식물용 배양토

이 단순한 혼합 배양토는 입자가 거친 모래, 사암, 펄라이트를 섞어 배수 효과를 높였어요. 물이 빠르게 내려가 뿌리가 썩지 않게 해주는 거예요. 선인장의 새끼포기를 번식시키기에도 적합합니다. 계량 도구로 컵을 사용하면 편리해요.

재료
코이어 1, 원예용 굵은 모래 1, 3~4mm 원예용 사암 또는 펄라이트 약간

TIP 영국 선인장과 다육식물 협회에서는 펄라이트를 대체할 저렴한 재료로 고양이 배변용 모래를 권하고 있다.
단, 먼지가 날리지 않고 뭉치지 않는 것으로 골라야 한다.

집에서 만드는 쐐기풀 비료

잘 자라는 실내식물만큼 여러분에게 실내 정원을 꾸미려는 의욕을 자극하는 건 없 겠죠. 고체든 액체든 천연 비료 약간만 더해주면 식물이 활성 성장기에 꽃을 피우 고 잘 자란답니다. 많은 사람들이 이러한 영양 보충에 신경을 잘 쓰지 않는데, 여러 분이 식물에 약간의 관심과 주의를 더 기울이기로 마음 먹으면 식물은 건강한 꽃 으로 충분히 보답해줄 거예요.

대부분의 상업용 다용도 배양토는 식물 하나에 6주가량 공급할 수 있는 영양분을 함유하고 있어요. 따라서 비료는 분갈이 후 6주가 지났을 때부터 주는 것이 좋아 요. 비료를 주는 주기는 식물의 종류에 따라 달라져요. 4장 '식물과 함께 사는 집'에 서(127쪽) 식물마다 영양분을 주는 주기에 대해 자세히 언급해두었어요. 식물에게 비료를 지나치게 많이 주어도 부작용이 생깁니다. 선인장과 다육식물은 특히 과도 한 영양 섭취를 싫어해요. 필요 이상의 영양분을 주면 물러지고 몸통이 두꺼워지며 감염에 취약해지니 주의하세요.

여기에서는 흔한 잡초인 쐐기풀을 이용해 직접 액체 비료 만드는 방법을 소개합니 다. 쐐기풀은 질소가 높은 흙에서 잘 자라며, 자랄수록 여러 미네랄을 많이 흡수하 죠. 영양이 풍부한 이 잡초를 비료로 쓰면 식물 뿌리에 질소, 아연, 철과 같은 미네 랄과 여러 필수 영양소를 제공하는 훌륭한 자원이 됩니다.

<u>도구와 재료</u>

갓 뜯은 쐐기풀	벽돌 같은 무거운 물건
빗물 또는 염소 처리를 하지 않은 물	저장용 병
장갑	
양동이	

1

먼저 쐐기풀을 뜯는다. 양동이 바닥을 충분히 채울 양만큼 뜯어야 한다. 양동이가 클수록 비료를 더 많이 만들 수 있다. 쐐기풀이 피부를 자극할 수 있으므로 두꺼운 장갑을 끼고 뜯는다.

2

뜯은 잎과 줄기를 장갑 낀 손으로 잘게 찢어서 양동이 바닥에 펼친 다음 완전히 물러질 때까지 다진다.

3

다진 쐐기풀 위에 무거운 물건을 올려 단단히 눌러놓는다. 벽돌, 돌기와, 돌을 가득 채운 화분 등을 사용할 수 있다.

4

쐐기풀이 완전히 잠길 정도로 양동이에 물을 채운다. 단, 발효 과정에서 거품이 생기니 물을 양동이 가득 채우지는 말고, 공간을 충분히 남겨놓는다. 비바람이 들지 않고 간접광이 비치는 실외에 양동이를 놓아둔다. 2주마다 경과를 확인하고, 한번씩 저어준다. 쐐기풀이 분해되면서 톡 쏘는 냄새가 심하게 나므로 가능하면 집에서 멀리 떨어진 곳에 두는 게 좋다.

5

한 달쯤 지나 더 이상 거품이 생기지 않으면 비료를 사용할 수 있다. 영양분이 가득한 액체를 체로 걸러 깨끗한 병으로 옮겨 담는다. 양동이에 남은 쐐기풀은 버리거나, 새로 뜯은 쐐기풀과 함께 다져서 다시 비료를 만들 수 있다.

6

마지막으로, 이 비료를 깨끗한 물과 1대1의 비율로 섞어 희석시켜야 한다. 그런 다음 차갑고 어두운 곳에 보관한다. 쐐기풀로 만든 비료는 냄새가 강하므로 완성하자마자 바로 희석시키는 게 좋다. 봄과 여름에 물에 조금씩 섞어 식물에 주면 된다. 한 번 만들어두면 사계절 내내 사용할 수 있다.

말리지 않은 쐐기풀은 국내에서 구하기 쉽지 않으므로 봄과 여름철에 구할 수 있는 컴프리, 고사리 잎, 치커리, 클로버, 딸기 잎 등을 사용해 액체 비료를 만들 수 있다.

1~3

4

5

6

3장

식물 번식시키기

자르기, 나누기와 새끼치기

믿기 어렵겠지만 대부분의 실내식물은 약간의 인내심만 있으면 간단한 방법으로 번식시킬 수 있어요.

번식은 아이들에게 식물의 경이를 보여주기도 좋은 교재입니다. 소중히 아끼며 보살필 수 있고, 식물을 키우는 것이 얼마나 충만한 기분을 느끼게 하는지도 배울 수 있죠. 도구와 재료가 많이 들지 않고 저렴하면서, 혹시 잘되지 않더라도 다시 또 시도할 수 있고요.

가장 좋아하는 식물을 나누는 일은 쓸모가 없는 것을 줄이고, 우리가 소중히 여기는 대상에 가치를 부여하는 한 방법이기도 하지요. 일단 여기서 소개하는 번식 방법을 익히면 여러분도 가장 좋아하는 식물의 새로운 종을 나눠 갖거나 재배할 수 있어요. 꽃집에 가지 않고도 조금씩 화분 개수를 늘리거나 완전히 지속 가능한 방법으로 창의적인 실험을 즐기는 것 또한 가능하고요.

유성이든 무성이든, 식물의 특정 종에 따라 잘 맞는 번식 방법은 다양합니다. 예를 들자면 선인장은 씨앗을 통해 번식할 수도 있고, 뿌리를 나눌 수도, 어미 식물영양생식을 할 때 식물의 줄기, 잎, 뿌리 등을 얻을 수 있는 모체의 몸통 끝부분을 잘라 심을 수도 있어요. 하지만 대부분의 실내식물은 자연 서식지에서처럼 수분受粉, 수술의 꽃가루가 암술머리에 옮겨 붙는 일을 할 수 없는 만큼, 씨앗으로 번식하지 않죠. 여기에서는 우리가 발견한 가장 빠르고 성공적인 식물 번식 방법들을 소개합니다.

번식

번식을 시키는 이유가 무엇이든 간에 선인장, 다육식물, 열대식물을 번식시키는 방법은 다양합니다. 가장 빠른 방법은 어미 식물의 줄기, 잎, 새끼포기 등을 활용하는 거예요. 이런 방식을 '무성생식' 또는 '영양생식'이라고 하는데, 여기엔 수분(受粉)이 필요하지 않아요. 별다른 상황 변화 없이도 잎을 떨어뜨리길 좋아하는 대부분의 다육식물(특히 세덤)은 잎으로 번식할 가능성이 높은 주요 후보라 할 수 있어요.

대부분의 식물은 씨앗에서 자라지만 양치 식물이나 이끼는 포자에서 자랍니다. 실내에서 키울 경우 수분이 잘 일어나지 않아요. 가게에서 사온 씨앗을 그대로 키운다고 해도 온도와 습도를 조절하는 제대로 된 장치가 없으면 싹을 틔우기 어렵죠. 그래서 여기에서는 영양생식을 중점적으로 소개하려고 해요. 다른 종자 번식 방법을 시도해보고 싶다면 선인장류나 무화과나무속, 파인애플과 식물로 시작해보세요.

식물이 활발하게 성장하는 봄이나 여름은 식물을 번식시키기에 안성맞춤입니다. 번식 작업에 들어가기 몇 주나 몇 달 전에 유기농 비료(99쪽 쐐기풀 비료 등)로 어미 식물에 영양분을 미리 공급해야 식물이 회복력을 최대치로 유지할 수 있어요. 하지만 비료나 보충제 없이도 대부분 번식이 잘 이루어지므로, 필수는 아닙니다.

먼저, 여러분이 시도하려는 번식 방법이 식물에 적합한지 알아봐야 해요. 예를 들어 양치식물류는 줄기꽂이 같은 방법으로는 자라지 않아요. 대신 포자로 키워내거나 포기 나누기를 해야 하죠. 어떤 식물을 번식시키고 싶다면 4장 '식물과 함께 사는 집'(127쪽)을 펼쳐 그 식물에 가장 적합한 방법이 무엇인지부터 확인하세요. 에어플랜트는 이 장에서 다루지 않아요. 이런 식물은 어미 식물에서 완전히 독립하기 전까지는 가는 줄기를 통해 어미 식물과 계속 붙어 있기 때문이죠.

잎꽂이

대부분의 식물은 잎의 일부나 전체만 있어도 번식시킬 수 있어요. 줄기꽂이와 여러모로 비슷한 잎꽂이는 새로운 자손을 꽤 많이 만들 수 있죠. 하지만 번식시킨 잎이 자기의 뿌리를 가지고 성장하기까지는, 조금 인내심을 갖고 기다려야 해요.

수분이 많아 잎이 두툼한 다육식물은 자연스럽게 아래쪽 잎을 떨구기 때문에 잎꽂이가 적합합니다. 에케베리아, 크라술라, 세덤 같은 여러 종들은 건강하게 붙어 있는 잎도 조심스럽게 따서 번식시킬 수 있죠. 단, 이때는 줄기에서 잎 전체를 따야 해요.

산세비에리아(187쪽)와 필레아속의 일부 종을 비롯한 큰 열대식물은 잎의 위쪽을 잘라서 뿌리 배양토 위에 두고 뿌리를 내리게 하면 됩니다. 얕은 트레이나 접시 중에 아무거나 골라 배양토를 3cm 정도 높이로 채워주세요.

잎꽂이는 햇빛을 충분히 못 받거나 나이가 들어 길게 웃자라고 볼품없어진 식물을 '재활용'하는 방법이 될 수도 있어요. 에케베리아나 세덤 같은 종은 햇볕을 충분히 받지 못하면 가늘고 길게 자라거든요. 그럴 때는 식물에 달린 건강한 잎을 모두 자르고, 108쪽의 과정을 따라 새로운 복제 식물을 만들면 됩니다. 잎끝의 상태가 괜찮아 보인다면, 그 부분만 잘라서 줄기꽂이와 같은 방법으로 번식시킬 수 있어요(110쪽 참조).

번식 전 번식시킬 잎도 어미 식물과 같은 환경을 만들어주어야 한다는 점에 유의하세요. 예를 들어 햇빛을 좋아하는 다육식물을 잎꽂이로 번식시키려면 식물이 전체적으로 쬘 수 있는 직사광선과 충분한 공간이 필요합니다.

에케베리아

에케베리아의 잎꽂이

1   선인장 배양토와 모래를 1대 2 비율로 섞어 뿌리 배양토를 만든다. 또는 95쪽 2번 배양토를 만들어 사용한다. 깊이 3cm 정도의 뿌리 배양용 트레이에 배양토를 충분히 채운다. 배양토를 부드럽게 다진 뒤, 만졌을 때 축축한 느낌이 들 정도로 전체 표면에 물을 뿌려준다. 어미 식물의 줄기와 맞닿아 있는 잎을 손가락으로 하나씩 딴다.

2   따낸 잎 중 시들거나 색이 바랜 잎을 빼고 건강해 보이는 잎만 골라낸다. 에케베리아나 크라술라를 비롯해 다육엽을 가진 식물의 경우, 떼낸 잎은 캘러스callus, 식물에 상처가 났을 때 생기는 세포 덩어리로 그 특징을 상실해 겉모양은 단순하게 생겼다가 생길 때까지 이틀 동안 직사광선을 피해 따뜻한 곳에 보관해야 잎이 썩는 것을 막을 수 있다. 하지만 열대식물은 잎을 떼낸 다음 바로 과정 3으로 넘어가도 된다.

3   준비가 끝나면, 배양토 위에 잎을 하나씩 올린다. 잎의 잘라낸 끝부분이 배양토 표면에 일부라도 닿아야 한다. 산세비에리아(187쪽) 같은 열대식물을 번식시킬 때는 잘라낸 끝부분을 배양토 속으로 넣어야 잎이 꼿꼿이 서서 뿌리가 자랄 수 있다. 따뜻하고 간접광이 드는 곳에 배양용 트레이를 놓아둔다. 뚜껑을 덮을 필요는 없지만 손가락으로 자주 습기를 확인하는 게 좋다. 이때 자라는 잎을 건드리지 않도록 조심하고, 배양토가 메마르면 표면에 물을 살짝 뿌려준다.

4   한 달 정도 지나면 뿌리가 자라는 것을 눈으로 확인할 수 있고, 또 한 달이 더 지나면 잎들이 장미 모양으로 자리를 잡아가는 것을 볼 수 있다. 일단 뿌리가 충분히 길어지면 더 자랄 수 있게 배양토로 살짝 덮어준다.

5   새 뿌리가 자리를 잡으면 손이나 숟가락으로 식물을 주변 흙과 함께 조심스럽게 파낸 뒤, 선인장 배양토를 넣은 작은 화분으로 옮겨 심는다.

줄기꽂이

줄기꽂이는 식물의 수를 늘리는 가장 빠른 방법입니다. 공간이 많이 필요하지 않고, 열대 관엽식물에서 줄기가 두툼한 다육식물까지 여러 식물에 쓸 수 있는 방법이죠. 적은 비용으로 우리가 좋아하는 식물을 복제할 수 있을 뿐만 아니라, 어미 식물에도 도움이 된답니다. 번식을 위해 다 자란 줄기를 많이 쳐낼수록 어미 식물의 모양을 가다듬고 어린 줄기를 더 튼튼히 키울 수 있게 되거든요.

우리는 줄기꽂이로 번식할 수 있는 식물로 골든 포토스(131쪽), 중국 돈나무(137쪽), 몬스테라(151쪽), 비취나무(157쪽)를 추천할게요. 이 밖에 드라세나속, 유포르비아속, 귤속, 커피, 여러 다육식물 종도 줄기꽂이를 할 수 있어요. 줄기를 자를 때 줄기가 너무 메말라 있지 않도록 미리 어미 식물에 물을 충분히 줘야 합니다.

112쪽 과정을 따라 하는 동안 줄기의 잘린 부위가 메마르지 않게 뿌리 화분을 준비하세요. 온도와 습도를 조절하려면 잘린 부위에서 뿌리가 날 때까지는 밀봉한 화분을 사용해야 합니다. 밀봉한 화분은 원예용품점에서 살 수도 있고, 플라스틱 병의 윗부분을 잘라서 각 줄기 위에 씌우는 식으로 자신만의 밀봉 화분을 직접 만들 수도 있어요. 아니면 화분 전체를 비닐봉지로 싸도 되고요. 플라스틱이나 금속처럼 통기성이 없어 수분 손실을 막아주는 소재로 된, 깊이가 얕고 큰 용기를 사용하세요. 화분에는 물이 빠져나갈 수 있는 배수 구멍이 있어야 하는데, 없을 경우 화분 바닥에 배수용 돌멩이나 자갈을 한 층 깔아줍니다.

번식 후 자른 줄기를 분갈이할 때는 뿌리 끝에서 5cm 정도 여유 공간이 있는 화분을 골라야 해요. 배양토를 만들 때는 95쪽 1번 레시피를 참조하되, 지렁이 분변토는 비율을 1로 줄입니다. 아니면 토탄이 들어 있지 않은 묘목용 배양토를 사용해도 돼요.

중국 돈나무

중국 돈나무의 줄기꽂이

1 먼저 뿌리 배양토를 만드는데, 코이어와 펄라이트(또는 질석)를 같은 비율로 섞거나 일반 실내식물용 배양토를 한 컵 더한다. 배양토를 뿌리 화분에 5cm 높이로 채우고 부드럽게 다진 뒤, 만졌을 때 축축한 느낌이 들 정도로 전체 표면에 물을 뿌려준다.

2 줄기꽂이를 할 때는 잎과 줄기가 만나는 지점에서 아래로 5cm 부분을 깨끗한 칼이나 날카로운 가위로 잘라야 한다. 그래야 줄기 조직이 으깨지지 않아 식물이 병에 취약해지지 않는다. 식물에서 다 자란 줄기를 고르는데, 마디(줄기에서 잎이 나는 부분)가 3개 이상 있는 것이 가장 좋다. 일단 자르고 나면 새로 돋아날 뿌리에 배양토의 영양분이 가도록 줄기에 있는 작은 잎들을 따준다.

3 잘라낸 줄기의 끝부분을 가능한 한 축축하게 유지하면서 다음 단계로 빨리 넘어가자. 줄기를 배양토 속에 깊숙이 꽂아 스스로 지탱할 수 있게 한다. 줄기마다 새로운 뿌리가 돋아날 수 있는 공간을 충분히 남긴다.

4 잘라낸 줄기에 물을 주거나 분무기로 물을 뿌리고, 화분을 밀봉해 온도와 습도를 올린다. 간접광이 충분히 들고 23~28℃를 유지하는 장소로 화분을 옮긴다.

5 3주~2달 동안 기다린다. 잘라낸 줄기가 뿌리를 내릴 동안 화분 가장자리에 손가락을 넣고 배양토의 수분이 어느 정도인지 확인한다. 이때 줄기를 건드리지 않도록 조심한다. 배양토는 계속 축촉한 상태여야 하지만 물기가 손가락에 묻어날 정도로 많아서도 안 된다. 배양토에 물기가 너무 많으면 살짝 마를 때까지 며칠간 그냥 놓아둔다. 반대로 배양토가 너무 건조하면 전체 표면이 촉촉해질 때까지 분무기로 물을 뿌려준다.

6 최소 3주가 지났으면, 잘라낸 줄기 가운데 하나를 배양토에서 조심스레 들어올려 뿌리가 새로 돋아났는지 확인한다. 들어올리는 과정에서 저항이 없고 뿌리가 생기지 않았다면 줄기를 다시 배양토에 단단히 심어준다. 반면 들어올릴 때 약간의 저항이 느껴지고, 뿌리가 4cm 정도 자라나 있으면 줄기를 새로운 화분에 옮겨 심어야 한다.

7 줄기가 옮겨 심을 만한 상태라면, 먼저 실내 환경에 적응할 수 있게 해야 한다. 첫날에는 밀봉했던 화분을 한 시간 정도 열었다가 다시 덮는다. 이후 며칠에 걸쳐 개봉하는 시간을 조금씩 늘린다. 줄기에 붙은 잎이 시들기 시작하면, 개봉 시간을 늘리는 속도를 늦춰야 한다. 화분에서 줄기를 꺼내도 시들지 않는다면 새 화분으로 옮겨 심어도 된다.

1, 2

3, 4

5, 6

7

3장 식물 번식시키기

포기 나누기

무리를 지어 자라거나 줄기가 따로 분리되어 자라는 식물들(유카, 칼라테아, 고사리 및 일부 다육식물 등)을 번식시키는 가장 쉬운 방법은 포기 나누기입니다. 포기 나누기는 온전한 형태의 식물이 각 부분으로 나뉘어 발달하고 성장할 수 있는 번식 방법으로 하나의 식물로 자랄 때보다 더 튼튼해지는 경우가 많아요. 이 방법은 비취나무처럼 자라는 속도가 빠른 다육식물을 적절한 크기로 유지하기에 안성맞춤입니다. 거기다 포기 나누기로 생긴 새로운 식물로 빈 공간을 채우거나 친구들에게 나눠주는 기쁨까지 덤으로 누릴 수 있죠.

이 책에서 소개한 식물 중에서 포기 나누기에 적합한 종은 엽란(134쪽), 옥살리스(148쪽), 산세비에리아(187쪽)입니다. 하지만 줄기가 달린 식물이어도 뿌리 체계 때문에 실패할 수 있어요. 그러니 칼을 대기 전에 해당 식물에 대해 미리 잘 알아보세요.

이 방법으로 작은 부분만 분리해서 어미 식물의 크기를 살짝 줄이거나, 원하는 수만큼 새로운 식물로 나눌 수 있어요.

시작하기 전에, 포기 나누기한 식물을 옮겨 심을 화분을 준비하세요. 나누기한 식물보다 조금 더 큰, 새 뿌리가 자라날 5cm 정도의 공간이 충분히 있는 화분을 고릅니다. 각 화분 밑바닥에는 배수용 돌멩이를 한 층 깔아두시고요.

이 번식 방법은 손이 가장 많이 가기 때문에 지저분해져도 상관없는 실내나 야외 공간에서 해야 합니다. 우리는 보통 넓은 공간에 큰 식탁보를 깔아놓고 작업한 다음, 이리저리 튄 흙을 식탁보 채로 정원으로 들고 가 탈탈 털어내요.

비취나무의 포기 나누기

1 먼저 쓸 만한 화분용 배양토를 구하자. 95쪽 레시피를 따라 실내식물용 배양토를 만들거나, 원예용품점에서 시판 제품을 구입하면 된다. 이때 번식시키려는 식물 개수에 따라 필요한 배양토 양과 화분 수가 달라진다.

2 포기 나누기를 할 어미 식물을 화분에서 조심스럽게 꺼낸다. 열대식물이나 다육식물은 줄기를 지탱하는 배양토에 손바닥을 대고서 화분을 뒤집으면 쉽게 꺼낼 수 있다. 식물을 화분에서 꺼내는 더 자세한 방법은 88쪽을 참조한다.

3 식물을 다시 원래대로 뒤집은 뒤, 배양토를 부드럽게 마사지하면서 뿌리를 살살 분리해본다. 기존의 배양토를 많이 제거하게 될까 봐 걱정할 필요는 없다. 뿌리가 연약한 식물은 마사지만으로도 배양토와 뿌리를 분리할 수 있다. 뿌리가 두터운 경우라면 마사지를 계속해서 오래된 배양토를 가능한 한 다 털어내고, 영양분이 풍부한 배양토를 채워 넣는다. 뿌리가 뒤엉켜 있거나 억세면 날카로운 칼을 이용해 배양토 덩어리를 잘라낸다. 그렇지만 자칫 연약한 뿌리가 손상될 수 있으니 가급적 칼은 쓰지 않는 것이 좋다. 다 되었으면, 작업 공간에 포기 나누기한 식물을 하나하나 내려 놓는다.

4 이제 포기 나누기한 식물을 화분에 다시 심는다. 미리 준비한 화분에 새로 심을 식물이 편안하게 자리를 잡을 공간을 충분히 남겨두고서 바닥에 배양토를 조금씩 넣는다. 각 화분에 식물을 하나씩 넣고, 손이나 모종삽을 이용해 남은 공간을 배양토로 채운다. 화분 밑부분을 단단한 바닥에 대고 가볍게 두드리면 배양토가 고르게 채워진다.

5 어느 정도 배양토를 다 채우고 식물이 안정적으로 꼿꼿하게 서면, 줄기 밑부분 주변의 배양토를 꾹꾹 눌러준다. 그래야 남아 있는 빈틈을 채울 수 있다.

번식 후 포기 나누기한 새 식물을 어미 식물과 같은 환경에 놓아둔다. 열대식물의 경우, 포기 나누기한 식물이 시들기 시작하면 다시 건강해질 때까지 화분을 비닐봉지에 넣어 습도를 올린다.

1, 2

3

4, 5

새끼치기

많은 식물은 규칙적으로 새끼포기를 만들죠. 새끼포기란 흔히 어미 식물의 줄기 주변에 자라는 축소판으로, 과에 따라 줄기 밑동이나 그보다 훨씬 위에 생겨나기도 합니다. 흔히 여러 사막 선인장 종을 비롯해 파인애플과 식물, 바나나, 야자나무, 용설란 등이 새끼포기를 만들어내요.

식물이 건강하게 자라는 상태에서 새끼포기가 생긴다면 정말 신나겠죠. 하지만 새끼포기가 생겼다고 해서, 혼자서 충분히 살 수 있을 만큼 자라기 전에 떼어내 번식을 시켜서는 안 됩니다. 새끼포기가 성장하는 시기는 식물에 따라 다르지만, 사막 선인장 같은 경우 새끼포기 높이가 적어도 3~5cm가 될 때까지 기다려야 해요.

번식은 식물이 활성 성장기에 접어드는 봄이나 여름에 시키는 게 좋아요. 번식시키는 모든 식물이 그렇듯, 새끼포기에게도 어미 식물과 똑같은 환경의 새 집을 마련해줘야 하고요.

에어플랜트 번식시키기 에어플랜트는 꽃이 피고 나면 잎과 잎 사이에 '새끼Pups'라는 새끼포기를 하나 이상 만듭니다. 어미 식물의 작은 복제본으로, 하나의 다발로 자라 어미 식물에 붙어 있거나 혹은 떨어져나가 독자적으로 살아 있는 새로운 식물이 되죠. 새끼포기가 어미 식물의 3분의 1 정도 크기가 되면, 어미 식물의 도움 없이 스스로 생존할 수 있도록 떼어내는 게 좋아요. 이때는 어미 식물에 물을 충분히 준 다음 새끼포기를 조심스레 아래로 잡아당겨 떼어냅니다.

부활절 백합 선인장

부활절 백합 선인장의 새끼치기

1   선인장의 날카로운 가시에 손가락이 다치지 않게 집게나 원예용 장갑을 사용한다. 또 작업을 하는 동안 선인장이 움직이지 않도록 구긴 신문지를 접어서 받친다.

2   만약 새끼포기가 어미 식물의 아래쪽에서 자라고, 이미 뿌리가 생겼다면 집게나 손가락으로 살살 떼어낸다. 뿌리가 없거나 떼어내기 힘들어 보이면 칼을 이용해 조심스레 잘라낸다. 어미 식물과 새끼포기에 상처를 남기지 않도록 날카롭고 깨끗한 칼을 써야 한다.

3   새끼포기를 떼어냈으면, 떼어낸 끝부분이 마르도록 밀봉하고 직사광선이 들지 않는 깨끗한 표면에 놓아둔다. 그래야 새끼포기에 세균이 번식하지 않는다. 이 과정은 적게는 하루이틀에서 길게는 1주가 걸린다. 끝부분이 완전히 마르면 새 화분에 심어준다.

4   어떤 뿌리 배양토를 사용할지는 새끼포기의 뿌리 유무에 따라 달라진다. 뿌리가 없으면 점토 성분이 적은 가벼운 모래와 코이어를 같은 비율로 섞어서 쓴다. 뿌리가 이미 생겼다면 펄라이트와 입자가 거친 모래를 같은 비율로 섞어 화분용 배양토를 만들거나(95쪽 2번 레시피 참조) 토탄이 들어 있지 않은 선인장용 배양토를 가벼운 모래와 같은 비율로 섞어준다. 배양토는 화분 깊이의 3cm 정도로 채우고, 배양토를 부드럽게 다진 뒤 만졌을 때 축축한 느낌이 들 정도로 표면에 물을 뿌려준다.

5   배양토에 구멍을 얕게 파고 새끼포기를 심는다. 뿌리가 없는 새끼포기라면 안정적으로 서 있을 수 있도록 충분히 깊게 심어준다. 반면 뿌리가 있는 새끼포기는 배양토로 뿌리를 덮어준 다음 살살 눌러 고정시킨다. 이제 새끼포기를 볕이 잘 드는 공간에 두었다가 봄이 되면 분갈이를 해준다.

번식

아보카도

씨앗 키우기

아보카도나 망고, 리치를 먹을 때 씨앗을 버리지 말고 실내에서 한번 키워보는 건 어떤가요? 열대 기후 조건을 만들어주지 않는 한 열매를 맺지는 못하겠지만, 씨앗을 키워 번식시키는 데는 따로 비용이 들지 않고, 아이에게 식물의 발아에 대한 기초 지식을 알려주는 체험 학습으로도 손색이 없죠.

중남부 아메리카가 원산지인 아보카도는 환한 빛을 좋아하기 때문에 일단 싹을 틔우면 햇볕이 잘 드는 곳에 두어야 해요. 열대식물과 선인장을 비롯한 많은 식물을 씨앗부터 키울 수 있지만 과정이 훨씬 까다롭고 시간이 많이 걸려요. 원예용품점이나 온라인 숍에서 씨앗을 구입해 키우는 것이 가장 간편합니다.

아보카도의 씨앗 키우기

1   아보카도에서 씨앗을 빼낸 뒤, 씨앗에 남은 과육을 물로 씻어낸다. 씨앗을 씻을 때 표면이 상하지 않도록 조심한다. 씨앗의 뾰족한 끝부분에서 싹이 나고 통통한 밑부분에서 뿌리가 자라기 때문이다.

2   씨앗을 뾰족한 끝부분이 위로 향하게 잡고, 이쑤시개나 요리용 꼬치 서너 개를 둘레에 꽂는다. 꼬치는 씨앗의 일부가 물에 잠겼을 때 잡아주는 받침대 역할을 한다.

3   유리컵에 물을 채우고, 씨앗의 가장 평평한 밑부분이 아래로 향하게 균형을 잡는다. 이때 씨앗의 아래쪽이 물에 완전히 잠겨야 한다. 며칠에 한 번씩 물을 갈아 곰팡이가 생기지 않게 한다.

4   볕이 잘 드는 곳에 컵을 놓아둔다. 몇 주가 지나면 물속에서 씨앗이 갈라지거나 뿌리가 나기 시작한다. 몇 주가 더 지나면 씨앗 위쪽으로 새싹이 모습을 드러낸다. 씨앗에서 싹이 자라는 동안 반드시 뿌리가 물속에 잠겨 있어야 한다.

5   새싹이 20cm 정도로 자라면 씨앗째로 화분에 옮겨 심어야 한다. 씨앗을 배양토에 심되, 윗부분은 공기 중에 노출되도록 둔다. 화분의 배양토는 항상 촉촉해야 하지만 절대 흠뻑 젖어서는 안 된다.

4장

식물과 함께 사는 집

그 자리에 꼭 알맞은 식물

이 책을 쓰려고 자료 조사를 하는 동안 우리는 경이로운 순간들을 잔뜩 만났어요. 가장 좋았던 것은 1970년대 식물 인테리어 책을 만난 거예요. 실내 가구에 잘 어울리는 식물을 신중하게 고르는 법을 알려주고 있었죠. 잎의 패턴이 충돌하거나 가지를 비대칭적으로 잘라내는 실수에 대해 엄격히 경고하고 있었고요. 하지만 장엄한 센터 피스 장식고사리, 나뭇가지, 이끼를 높게 쌓아 올린 작품에 대한 내용은 로즈가 조용한 영국 도서관 열람실에서 탄성을 내지르게 할 정도였어요.

이 장에서는 특별한 공간이 아닌 일반 가정집에 초점을 맞췄어요. 각 식물마다 물을 얼마나 자주 줘야 하는지, 분갈이는 언제 해야 하는지, 번식시키는 최적의 시기는 언제인지 등 우리 손님들이 궁금해 했던 질문에 대한 정보들을 함께 담았어요. 햇빛, 온도, 습도에 대한 정보도 유용할 거예요. 여기에서는 식물의 건강에 필수적인 요소만을 뽑아서 정리했으니 1장 '우리가 키우는 식물 알기'(21쪽)에서 소개한 일반적인 조언을 같이 참조하세요. 마지막으로, 비슷한 환경에서 키울 수 있는 대체 식물도 소개해 드릴게요. 여러분이 여러 식물 중에서 마음에 드는 식물을 고를 수 있으실 거예요.

아울러 거울 같은 상세한 장식부터 식물 스탠드나 행잉 플랜터처럼 더 기능적인 장식에 이르기까지 우리의 조언을 넘어 더 많은 영감을 얻게 될 거예요. 이제부터 소개할 내용이 여러분의 '집에 초록이 깃든 공간을 만드는 데 조금이나마 도움이 되길 바랍니다.

고요한 창가

우리 모두가 완만한 언덕이나 탁 트인 하늘이 보이는 집에서 살 수는 없죠. 특히 서로 집이 내다보이는 도시의 아파트에 사는 사람이라면 더더욱 그렇고요. 시시한 바깥 경치를 가리기 위해서든, 밖에서 쳐다보는 시선으로부터 숨기 위해서든, 열대 덩굴식물은 이국적인 '장막' 역할을 톡톡히 해준답니다.

침실과 욕실은 꽤 그늘진 경우가 많은데, 이런 공간에는 직사광선을 별로 좋아하지 않는 관엽식물을 들이는 것이 포인트예요. 필로덴드론이나 스킨답서스 같은 열대 덩굴식물속이 좋은 선택일 수 있어요. 한번씩 식물 끝부분을 다듬어주면 덥수룩하게 자라는 일도 막을 수 있고요. 아스파라구스 고사리같이 습기를 좋아하는 열대식물은 공기 중 수분을 저절로 흡수하니 물을 자주 주지 않아도 됩니다.

식물을 벽에 걸 수 없다면 받침대 없이도 서 있는 엽란 같은 열대식물로 창문을 가려보세요. 햇빛을 지나치게 차단하지 않으면서 사생활도 적당히 보호할 수 있어요.

골든 포토스

악마의 담쟁이덩굴 | 스킨답서스 | 개다래
학명 에피프렘눔 아우레움 Epipremnum aureum
과 천남성과 Araceae
원산지 솔로몬제도
대체 식물 몬스테라, 서양담쟁이덩굴

골든 포토스는 원예에 서툰 사람도 쉽게 죽이기 힘든 식물로, 자연광이 적게 드는 방에서도 잘 자라고 가끔 물 주는 것을 잊어도 시들지 않고 버티죠. 실내에서는 꽃이 잘 피지 않지만, 선명한 대리석 색깔의 잎은 기둥을 타고 올라가거나 책장 혹은 천장에 매단 화분 상태로 늘어져 있어도 충분히 아름답습니다. 특히 골든 포토스는 빨리 자라는 식물이기 때문에 밖에서 들여다보이는 욕실이나 침실에 두고 사생활을 보호하는 용도로 쓰기에 안성맞춤이죠. 페인트나 가구에 남아 있는 독소를 제거하는 데도 효과적이고요.

빛　어두운 구석에서 키울 경우 성장이 더딜 수 있어요. 덩굴과 잎이 멀리 떨어져 성기게 자랄 거예요. 반면 지나치게 밝은 곳에서는 식물이 죽어버릴 수 있으니, 간접광이 드는 곳을 고르세요.

온도　일년 내내 18~24℃를 유지해주는 것이 좋아요. 겨울에는 10℃ 밑으로 떨어지지 않게 해주세요.

물　봄과 여름에는 배양토에 계속 물을 주되, 겨울에는 양을 확 줄이세요. 물을 적게 주는 것은 괜찮아도, 물을 지나치게 많이 주는 것은 곰팡이가 생길 수 있으니 주의하세요.

영양분　2주에 한 번씩 비료를 줍니다.

분갈이　필요하면 봄에 분갈이를 해주는데, 배양토를 만들 때는 95쪽 1번 레시피를 참조하세요.

번식　봄에 줄기꽂이로 번식시킵니다(110쪽).

분갈이하기 골든 포토스는 여분의 버팀대(지지대)나 영양분이 필요하면 기근을 뻗어요. 기근이 보이면 분갈이를 하거나 가지치기를 해야 할 때라는 신호입니다.

아스파라구스 고사리

깃털 아스파라구스 | 레이스 고사리
학명 아스파라구스 세타케우스 Asparagus setaceus
과 아스파라구스과 Aasparagaceae
원산지 아프리카 남부, 동부
대체 식물 안개공작 고사리, 보스턴 고사리, 박쥐란

고사리처럼 보이며 아주 최근까지 백합으로 분류되었던 이 식물은 사실 둘 중 어디에도 속하지 않아요. 깃털처럼 하늘거리고 가는 잎을 가진 아스파라구스 고사리는 공중에 매단 화분이나 따로 분리된 화분에서도 잘 자라고, 가지를 치지 않고 내버려두면 90cm까지도 자라납니다. 습도가 높은 욕실에 두기 적합하며 봄이나 여름에는 일주일에 한 번씩 배양토에 물을 주어야 해요.

빛　　직사광선을 쬐면 잎이 시들 수 있으므로 빛이 투과되어 드는 밝은 방을 고르세요.

온도　　일년 내내 18~24℃를 유지해주세요. 겨울에는 온도가 10℃ 밑으로 내려가서는 안 됩니다.

물　　봄과 여름에는 배양토에 계속 물을 주되, 흠뻑 적시는 것은 절대 금물입니다. 가을과 겨울에는 물을 조금씩 주면서, 배양토가 완전히 말라붙지 않게 하세요. 주기적으로 물을 분무기로 뿌려주면 최적의 건강을 유지할 수 있어요.

영양분　초봄부터 초가을까지 2주에 한 번씩 비료를 주세요.

분갈이　주기적으로 봄에 분갈이를 합니다. 식물을 화분에 놓고, 배양토를 2.5cm 두께로 깔아서 덩이뿌리가 자라면서 표면으로 드러날 수 있게 해두세요. 화분용 배양토를 만들 때는 95쪽 2번 레시피를 참조하세요.

번식　　봄에 포기 나누기로 번식시킵니다(115쪽).

다듬기 웃자란 줄기나 노랗게 말라붙은 잎을 다듬어주어야 보기 좋게 관리할 수 있어요. 줄기가 너무 나이가 들면 나무처럼 자라나 날카로운 침엽이 돋아나므로 가지치기를 할 때는 원예용 장갑을 끼고 다치지 않도록 조심하며 작업합니다.

엽란

바룸 플랜트 | 하란 플랜트
학명 아스피디스트라 엘라티오르 *Aspidistra elatior*
과 아스파라구스과 *Aasparagaceae*
원산지 일본, 대만
대체 식물 드라세나, 테이블야자

영국 빅토리아 시대에 인기를 끌었던 엽란은 낮은 온도와 적은 일조량을 잘 견디는 성질에 경의를 표하는 의미로 '캐스트 아이언 플랜트(Cast iron plant)'라 불렸습니다. 나중에는 구식 취급을 받았지만 한때는 중산층의 상징이기도 했죠. 우아한 줄기에 진한 녹색 잎이 달린 이 식물이 요즘 다시 인기입니다. 관리에 품이 거의 들지 않고, 어떤 어두운 공간에 놓아도 열대지방의 절제된 분위기를 더해주죠. 70cm 정도까지 자라는 큰 키, 자랄수록 녹색이 진해지는 섬세한 잎이 특징입니다. 크림색 줄무늬가 있는 변종은 매력적이지만 튼튼하지는 않으니 주의하세요.

빛 숲에서 자라는 이 식물은 북향 창가(살짝 햇볕이 약하게 드는 곳)에서 잘 자랍니다. 그늘진 복도나 구석에서도 죽지 않고 자라고요. 하지만 빛이 너무 강하면 잎이 시들 수 있어요.

온도 견딜 수 있는 온도의 범위가 넓어서, 따뜻하거나 서늘한 실내에 둬도 괜찮아요.

물 배양토 표면이 3cm 정도 완전히 말랐을 때 물을 주세요. 물을 너무 많이 주면 죽을 수 있습니다. 배수가 잘 되어야 건강하게 자라니, 식물의 뿌리가 물에 흠뻑 젖는 일은 절대 없게 하세요. 배수를 돕는 테라코타 소재 화분에 식물을 심고, 물을 주고 나면 서너 시간 후에 배수용 트레이를 비워주세요.

영양분 봄과 여름 동안 한 달에 한 번 희석된 액체 비료를 주세요.

분갈이 필요해지면 봄에 분갈이를 합니다. 일반적으로 4년에 한 번은 꼭 해줘야 해요.

번식 봄에 포기 나누기로 번식시킵니다(115쪽).

중국 돈나무

미셔너리 플랜트
학명 필레아 페페로미오이데스 Pilea peperomioides
과 쐐기풀과 Urticaceae
원산지 서인도제도
대체 식물 수박 필레아, 수박 페페로미아

잎 모양이 수련과 비슷한 이 식물은 기르기도 쉽고 가지치기도 필요 없으며, 창가에 두기 좋아요. 하나의 줄기에서 진한 녹색 잎들이 자라고, 여름이 오면 우아한 하얀색 꽃이 피죠. 번식에 적합한 때를 찾기가 쉽지 않은 종이지만, 시기가 맞으면 줄기꽂이로 쉽게 번식시켜 식물을 좋아하는 친구에게 최고의 선물을 줄 수 있답니다.

빛 햇빛이 잘 드는 장소를 고르되, 잎의 신선함이 떨어질 수 있으니 직사광선 아래는 피하세요.

온도 25℃ 정도를 유지하되 겨울에는 온도가 12℃ 밑으로 내려가게 해서는 안 됩니다. 찬바람이 많이 드는 창가는 피하세요.

물 이 식물은 습도가 높은 곳을 선호해요. 성장기에는 배양토를 골고루 촉촉하게 해주는데, 물을 주는 주기 사이에는 배양토가 완전히 마르게 합니다. 뿌리가 절대 물에 잠겨 있지 않도록 배수에 신경을 쓰세요. 겨울에는 물 주는 양을 줄이고요.

영양분 봄과 여름 동안 2주에 한 번씩 비료를 줍니다.

분갈이 필요해지면 봄에 분갈이를 합니다. 배양토를 만들 때는 95쪽 1번 레시피를 참조하세요..

번식 초봄에 줄기꽂이로 번식시킵니다(110쪽).

청소하기 식물의 잎이 다 자라면 깨끗한 천에 물을 묻혀 잎을 하나하나 부드럽게 닦아주세요. 잎 표면이 반짝반짝 빛날 거예요.

마크라메 행잉 플랜터

집주인들은 세입자가 집을 직접 고치고 꾸미는 것을 좋아하지 않죠. 세입자로 사는 우리 손님들은 집에 행잉 플랜터 한두 개 정도 걸어두고 싶은데 벽에 못을 박아도 될지 모르겠다고 걱정하곤 하고요. 사실 약간의 창의력과 간단한 재료 몇 가지만 있으면 생각지도 못했던 공간에 행잉 플랜터를 만들 수 있어요. 선반과 벽에 고리나 못을 박을 수 없어도, 커튼 봉에 화분을 매달거나 옷장, 선반, 부엌 찬장에 옷걸이나 S자 고리를 걸어 매달 수 있어요. 단지 식물을 매달 자리에 빛이 적합하게 드는지만 확인하면 됩니다.

이 책에서 소개하는 행잉 플랜터 디자인은 1970년대 복고풍 마크라메 플랜터를 활용한 것으로, 10분이면 만들 수 있습니다. 일단 기초부터 시작한 다음 마크라메 매듭과 비즈, 금속 고리 같은 액세서리를 다양하게 활용해 꾸며보세요.

마크라메가 아닌 다른 줄을 사용해도 돼요. 우리가 실험해본 결과 면이나 아마, 삼베를 꼬아 만든 줄이 저렴하면서도 꽤 무거운 중량을 지탱할 만큼 튼튼했습니다.

화분 밑에 배수 트레이를 놓으면 화분을 내려 물을 버리는 번거로움 없이 물을 간단히 줄 수 있어요.

도구와 재료

밧줄 8m	고리 또는 못
줄자	
화분	
배수 트레이	

1

밧줄을 2m 길이로 4등분하고, 각 밧줄을 반으로 접는다. 균형을 맞춰 걸어놓은 봉, 고리나 못을 지지대로 삼아 밧줄의 양쪽 끝이 아래로 향하도록 걸친다.

2

걸쳐놓은 밧줄의 길이를 모두 동일하게 맞춘 다음 밧줄을 전부 모아서 첫 번째 매듭을 묶는다. 이때 사진과 같이 매듭 위로 화분을 걸 수 있을 만큼 고리를 크게 만들어 매듭을 묶는다.

3

매듭 아래쪽에 있는 밧줄을 각각 두 줄씩 잡고 네 쌍의 매듭을 만든다. 각 매듭과 매듭 사이에 자연스럽게 간격을 둔다.

4

두 번째 매듭의 위치를 정한다. 이 매듭들은 식물보다 위쪽에 자리하므로, 2에서 묶은 매듭 아래로 4분의 1 정도 떨어진 지점이 적당하다. 각 매듭을 묶는다. 매듭들은 밧줄을 아래로 떨어뜨렸을 때 일렬로 가지런하게 늘어서야 한다. 만약 매듭이 고르게 줄을 짓지 못하면 매듭을 풀고 위치를 다시 조정한다. 큰 화분을 매달고 싶으면 2에서 묶은 첫 번째 매듭을 옷걸이보다 위쪽에 묶는다.

5

매듭을 묶고 나면 밧줄을 다시 아래로 펼쳐놓는다. 이번에는 매듭의 왼쪽 가닥과 옆 매듭의 오른쪽 가닥으로 매듭을 묶는다. 새로운 짝으로 매듭을 다 묶고 나면 다음 매듭도 이와 같은 방법으로 묶는다. 이렇게 해서 화분을 안전하게 지탱할 수 있는 그물을 만든다.

6

모든 밧줄을 모아 느슨하게 묶였거나 꼬인 데는 없는지 확인한다. 밧줄을 모아 하나로 묶어 화분을 튼튼하게 받쳐줄 매듭을 만든다. 식물 화분을 올렸을 때 자리가 잘 잡히는지 확인하고, 필요하면 매듭을 조정한다. 마지막으로 줄 끝부분을 원하는 길이만큼 다듬는다. 그다음 화분을 밧줄로 만든 그물 안에 집어넣는다.

물을 주고 나면 화분이 더 무거워지므로, 그 무게를 충분히 감당할 수 있을지 꼼꼼히 확인하고 나서 걸어야 한다.

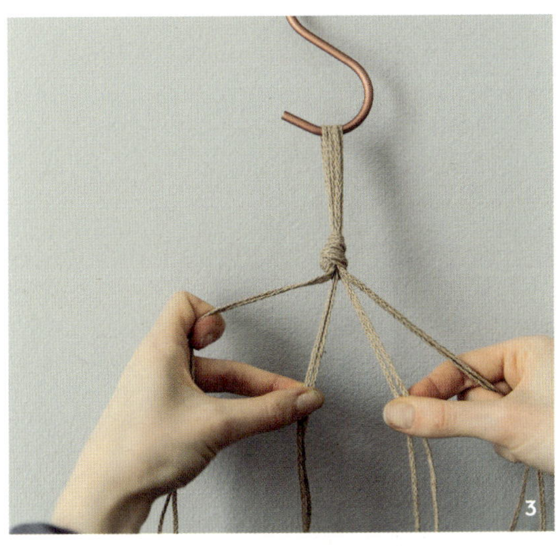

빈 구석

생활 공간이 좁다면, 방 한구석에 화분을 배치해 공간 전체를 살릴 수 있어요. 이때는 다육식물보다 자연광을 덜 필요로 하고 잎 모양과 키가 다양한 열대식물을 선택하는 것이 좋아요. 여러 개를 무리 지어 놓으면 방 안의 습도가 올라가고, 물을 줄 때도 편하죠.

열대식물은 빨리 자라기 때문에, 크고 작은 화분에 심은 독특한 식물이나 덩굴식물들이 공간 전체의 분위기를 만들어내기 좋아요. 또 높이가 다양한 화분을 사용하면 이국적이며 강렬한 식물 무리를 만드는 데 도움이 됩니다.

두 가지만 기억하세요. 시간이 지나면 식물이 쓰러지지 않고 자리를 채울 수 있도록 긴 줄기를 지지대로 묶어줘야 할 수 있어요. 그리고 방 구석에 놓아둔 식물은 어느 한쪽이 항상 햇빛을 덜 받게 되기 때문에 한번씩 화분 방향을 돌려 잎이 햇빛을 고르게 받게 해줘야 합니다.

벨모어 센트리 야자

캔티안야자 | 호웨이 벨모어
학명 호웨이 벨모레아나 *Howea belmoreana*
과 종려과 *Arecaceae*
원산지 오스트레일리아 로드하우섬
대체 식물 테이블야자, 공작야자, 아레카야자

야자는 공기 중의 독소를 제거하고 신선한 산소를 풍부하게 제공하는 환상적인 실내식물이죠. 우아하게 휘어지는 잎과 가느다란 줄기를 가진 벨모어 센트리 야자는 어떤 생활 공간이라도 바로 열대 낙원으로 바꿔놓습니다. 오랜 벗이 될 이 식물은 최대 2.5m까지 자라지만 미리부터 놀랄 필요는 없어요. 매우 천천히 자라며, 기본적인 생활 조건만 맞춰주면 매우 튼튼하거든요.

빛　　그늘진 곳에서도 자랄 수 있지만 간접광이 비추는 밝은 곳을 더 좋아해요.

온도　　15~24℃ 정도를 유지하되 13℃ 밑으로 내려가지는 않게 해주세요.

물　　봄과 여름에는 배양토에 계속 물을 주고, 겨울에는 물을 주는 사이사이 배양토가 완전히 마르게 하세요. 식물의 습도를 높게 유지하려면 주기적으로 잎에 물을 뿌려주세요.

영양분　봄과 여름 동안 2주에 한 번씩 액체 비료를 줍니다.

분갈이　2~3년에 한 번씩 봄 중반이나 후반에 분갈이를 해주세요. 식물 크기에 따라 화분 크기가 너무 커지면 식물 전체를 분갈이하는 것보다 배양토에 비료를 주는 것이 좋아요.

번식　　따뜻한 모종 상자에 씨앗을 심어 번식시킵니다.

관리 팁 식물에 윤기가 없어지거나 먼지가 쌓이면 화분을 밖에 내놓은 다음 빗물이나 호스로 물을 뿌려 잎을 깨끗하게 씻어주세요. 하지만 이 방법은 봄이나 여름철의 따뜻한 날에만 해야 합니다. 낙엽이나 죽은 줄기를 제거할 때는 손으로 잡아당기면 줄기가 손상될 수도 있으니, 항상 가위를 사용하세요.

고무나무

인도고무나무 | 고무 무화과
학명 피쿠스 엘라스티카 Ficus elastica
과 뽕나무과 Moraceae
원산지 인도, 중국, 말레이시아
대체 식물 떡갈잎 고무나무, 용혈수, 뱅갈 고무나무

키가 3m까지 자라는 고무나무만큼 재배하기 쉬운 실내식물도 드물어요. 다양한 빛과 온도에 잘 적응하고, 웬만한 실내 환경에서는 다 잘 자라죠. 강렬한 녹색으로 반짝이는 잎의 뒷면에는 줄기에서 잎끝까지 이어지는 주황색 잎맥이 예쁘게 나 있어요. 이 식물은 개나 고양이가 섭취할 경우 독성이 있으므로 주의하세요.

빛　　아침이나 오후에는 살짝 직사광선을 쬐는 것이 좋지만 평소에는 간접광이 비추는 곳에 두세요.

온도　　고무나무는 적응할 수 있는 온도 폭이 넓어요. 단 겨울철에는 13℃ 밑으로 내려가면 안 됩니다.

물　　봄과 여름에는 물을 적당히 주세요. 물은 배양토가 완전히 젖을 정도로 주고, 표면이 3cm 정도 말랐을 때 다시 물을 줍니다. 한번씩 물을 뿌려주어 이 식물의 원산지인 열대 서식 환경을 맞춰주세요. 겨울에는 물의 양을 줄이고 잎이 시들지 않는지 세심하게 살펴야 해요. 잎이 시들면 물의 양이 많다는 신호입니다.

영양분　봄과 여름 동안 3~4주에 한 번씩 액체 비료를 주세요.

분갈이　뿌리가 화분을 꽉 채운 것처럼 보이면, 봄철에 원래 크기보다 약간 더 큰 화분(5~10cm)으로 갈아줍니다. 가장 큰 사이즈의 화분으로 갈아준 다음에는, 분갈이를 하기보다 배양토 위에 비료를 주는 것이 좋아요.

번식　　'고취법air layering, 나뭇가지에서 껍질을 둥글게 벗겨낸 후 습기가 있는 물이끼로 싸고, 물기가 새지 않도록 다시 비닐로 싸는 방법'이라는 고난도의 방법으로 번식시킵니다. 초보자에게는 추천하지 않아요.

관리하기 고무나무의 어린잎은 관리하거나 청소할 때 쉽게 손상을 입을 수 있으며, 식물이 죽을 때까지 그 손상이 계속 갈 수 있으니 조심하세요.

옥살리스

자주색 클로버 | 사랑초
학명 옥살리스 트리앙굴라리스 Oxalis triangularis
과 괭이밥과 Oxalidaceae
원산지 열대 브라질
대체 식물 네잎클로버, 아펠란드라, 빌베르기아

옥살리스는 우리가 아끼는 식물 중 하나예요. 연약한 줄기들이 떠받치고 있는 나비 모양의 세 잎은 하루 동안 햇빛의 각도에 따라 날개를 천천히 퍼덕이는 것처럼 보여요. 열대 브라질, 멕시코, 북아프리카(이곳 사람들은 옥살리스를 잡초로 생각해요!)가 원산지인 옥살리스는 알뿌리 식물로 회복력이 뛰어난 편이에요. 앙증맞게 생긴 이 식물은 주로 보라색이나 초록색이고, 봄과 여름철에는 옅은 분홍색 꽃을 무리 지어 피웁니다.

빛 간접광이 많이 드는 밝은 곳에 두세요. 아침이나 오후에 살짝 직사광선을 쬐는 것은 괜찮습니다. 따뜻한 계절에는 정오의 강한 햇빛으로부터 잎을 보호해줘야 해요.

온도 옥살리스는 15~25℃ 사이의 실내에서 잘 자라요. 이보다 온도가 높아지면 살아남기 위해 활동을 중단하는 휴지기에 들어갑니다.

물 온도 조건에 따라 물을 주는 주기가 달라질 수 있어요. 물을 줄 때는 배양토가 흠뻑 젖을 정도로 주고, 표면이 3cm 정도 말랐을 때 다시 물을 주세요. 배수가 잘 되는 것이 중요합니다.

영양분 비료를 많이 필요로 하지 않지만, 특별히 꽃을 피우는 봄과 여름철 동안은 두 달에 한 번씩 액체 비료를 조금씩 주세요.

분갈이 작은 화분에서도 잘 자라지만 뿌리가 꽉 차는 봄에는 분갈이를 해줄 수 있어요. 그러면 식물이 바깥쪽으로 뻗어나갈 거예요.

번식 크기가 상당히 커지면 포기 나누기로 번식시킵니다(115쪽).

SOS 물 주기 옥살리스는 적응력이 강해서 방치해두면 스스로 휴지기에 들어갑니다. 만약 내버려뒀다가 마르거나 죽어가는 모습을 발견했다면, 뿌리를 적실 만큼 충분히 물을 주고 새로운 싹이 빨리 돋아나게 해야 합니다.

몬스테라

스위스 치즈 플랜트 | 프루트 샐러드 플랜트 | 봉래초
학명 몬스테라 델리치오사 Monstera deliciosa
과 천남성과 Araceae
원산지 멕시코 남부
대체 식물 칼라테아, 스플리트 리프 필로덴드론, 접란

몬스테라는 집의 빈 공간을 채우기 좋은 식물이에요. 아주 조금만 관심을 기울여 돌보면 빠른 시일 안에 크게 뻗은 하트 모양 나뭇잎과 감미로운 녹색으로 보답하죠. 갈기갈기 찢어진 모양의 잎은 열대우림이 원산지인 몬스테라가 폭우에서 스스로를 보호할 수 있게 해줍니다. 개성이 넘치고 회복력이 뛰어난 식물이지만, 성장 속도가 매우 빠르고 다 자랐을 때 예상한 것보다 넓은 공간을 차지하니 주의하세요.

빛 간접광이 비추는 밝은 곳에 두세요. 직사광선을 너무 많이 쬐면 잎이 노란색으로 변하며, 빛이 너무 부족하면 몬스테라만의 특징인 갈기갈기 찢어진 잎 모양이 나타나지 않아요.

온도 살짝 서늘하거나 따뜻한 온도에서도 자랄 수 있지만 봄과 여름철에는 18~24℃가 좋아요.

물 배양토 표면이 3cm 정도 말랐을 때 물을 충분히 줍니다. 실내가 건조할 때는 주기적으로 물을 주는 것이 좋아요.

영양분 성장에 도움이 될 수 있도록 봄과 여름 동안 한 달에 한 번 액체 비료를 줍니다.

분갈이 뿌리가 꽉 차면, 봄에 분갈이를 해줍니다. 배양토를 만들 때는 95쪽 1번 레시피를 참조하세요.

번식 봄철에 줄기꽂이로 번식시킵니다(110쪽).

지지대 다 자라면 이끼로 덮인 막대를 가지고 줄기를 지탱해줘야 할 수도 있어요. 이때는 노끈이나 줄로 식물의 안쪽 줄기를 막대에 조심스럽게 묶어줍니다. 아니면 안쪽 줄기들을 하나로 모아 끈으로 묶어서 꼿꼿하게 설 수 있게 잡아주세요.

밝은 공간

사막 선인장과 다육식물 중에는 우리가 사랑에 빠질 만한 매우 다양한 종이 있어요. 그보다 더 좋은 점은 한곳에 모아놓아도 서로 잘 어울리고, 집의 가장 밝은 공간을 나눠 쓰는 걸 좋아한다는 거예요. 사막 선인장과 다른 다육식물들은 필요한 빛의 조건도 비슷하므로, 마음에 드는 종을 발견하면 빛을 좋아하는 식물 컬렉션의 일부로 자신 있게 추가하면 돼요. 우리는 매우 독특하게 생긴 식물들을 모으며 최고의 재미를 느낀답니다. 여러분도 각 식물의 개성에 맞는 다양한 모양의 화분과 트레이를 찾는 즐거움을 느낄 수 있을 거예요.

아파트는 자연광이 드는 공간이 제한적인 만큼 햇빛이 잘 드는 창턱이나 바닥에 식물을 두는 것이 가장 적합해요. 식물이 활발하게 성장하는 기간에는 창문으로 들어오는 빛을 잘 받을 수 있도록 식물의 위치를 주기적으로 옮겨줘야 합니다. 그리고 추운 계절이 오면 습기와 냉기에 노출되지 않도록 찬바람이 들어오는 창문에서 멀리 떨어뜨려 놓아야 해요.

비취나무

돈나무 | 럭키 플랜트 | 프렌드십 트리
학명 크라술라 오바타 Crassula ovata
과 돌나물과 Crassulaceae
원산지 남아프리카
대체 식물 당인, 레드 파고다, 리플 제이드

행운을 상징하는 내한성의 비취나무는 손이 거의 가지 않으며 번식이 쉽고, 내버려두면 키가 1m까지 자랍니다. 직사광선이 비추는 곳에 두면 타원형의 고무 같은 잎들이 붉게 변할 수 있어요. 알맞은 조건을 갖춰주면 초봄에 별 모양의 작은 꽃을 피우기도 합니다.

빛 햇빛을 적게 받으면 기형이 될 수 있어요. 특히 크고 위풍당당하게 자라려면 직사광선이 필요합니다. 2주마다 화분의 방향을 돌려서 빛을 받는 위치를 바꿔주면 성장을 좀 더 촉진할 수 있어요.

온도 낮에는 18~24℃ 사이의 따뜻하고 건조한 환경이 적당하며, 밤에는 조금 더 서늘해도 괜찮아요.

물 물은 배양토가 마르면 줍니다. 배양토 표면이 3cm 정도 말랐을 때 물을 충분히 주는데, 절대로 뿌리가 물에 잠겨서는 안 됩니다. 다른 다육식물과 마찬가지로 비취나무도 배수가 잘 되어야 해요. 겨울철에는 물의 양을 줄이고, 배양토가 완전히 말랐을 때만 물을 주세요.

영양분 봄과 여름 동안 서너 달에 한 번씩 액체 비료를 줍니다.

분갈이 뿌리가 꽉 차면, 봄에 분갈이를 해줍니다. 배양토를 만들 때는 95쪽 2번 레시피를 참조하고, 깊이가 얕은 화분을 쓰는 게 좋아요.

번식 잎꽂이로 번식시킵니다(106쪽).

가지치기 비취나무가 너무 크게 자라면 줄기를 다듬거나 따줍니다. 이렇게 해주면 아래쪽으로 통통하게 자라도록 크기를 조절할 수 있어요.

멕시칸 파이어크래커

학명 에케베리아 세토사 Echeveria setosa
과 돌나물과 Crassulaceae
원산지 멕시코
대체 식물 에케베리아 엘레강스, 아이오니움 아르보레움, 하월시아

멕시칸 파이어크래커는 햇빛을 좋아하며, 기하학적인 장미 모양으로 자라는 다른 에케베리아 종들처럼 별 모양으로 자라는 다육식물입니다. 즙이 많은 잎들은 부드러운 흰색 털로 덮여 있어 희미하게 빛나는 것처럼 보이죠. 에케베리아는 백여 종이 넘으며 흔히 빛바랜 초록색, 파란색, 라일락 색입니다. 주로 늦봄에 장미 모양의 잎 한가운데 뻗어난 긴 줄기에서 화려한 꽃을 피워요.

빛　　집에서 햇빛이 가장 잘 드는 곳에 두고, 직사광선을 충분히 받게 합니다.

온도　　봄과 여름철에는 18~24℃ 사이의 따뜻하고 건조한 환경이 적당하며, 겨울철에는 13℃ 밑으로 내려가지 않게 해주세요.

물　　원래 건조한 사막에서 살던 식물이기 때문에 배양토가 완전히 말랐을 때만 물을 넉넉히 주어야 해요. 배수가 잘 되는 것이 중요하므로 배수 트레이를 사용하고, 물을 주고서 한두 시간이 지나면 트레이를 비워줍니다.

영양분　봄과 여름철에 3~4주마다 한 번씩 액체 비료를 줍니다.

분갈이　뿌리가 꽉 차면 봄에 분갈이를 해주세요. 화분 밑바닥에 배수용 자갈을 한 층 깔아주세요. 배양토를 만들 때는 95쪽 2번 레시피를 참조하세요..

번식　　봄과 초여름에 잎꽂이 방식으로 번식시킵니다(106쪽).

관리하기 에케베리아의 몇몇 종은 잎에 왁스 코팅을 해서, 스스로를 야생의 강한 햇빛에서 보호합니다. 이 잎들은 쉽게 긁히거나 상할 수 있으므로, 분갈이를 할 때 잎을 건드리지 않도록 조심하세요.

사막 풍경

집 안에 햇빛이 잘 드는 공간이 있다면, 오픈 컨테이너 가든은 자신만의 작은 사막 풍경을 만들 수 있는 좋은 방법입니다. 컨테이너 가든은 제각각 화분에 심은 여러 식물을 모으는 것보다 정성이 더 들어가죠. 하지만 메마르고 건조한 기후에서 자라는 다양한 다육식물의 복잡하고 기하학적인 모습을 단순화하는 한편 마른 이끼, 방부 목재, 크리스털, 바위 같은 질감적 요소를 가미할 수 있죠.

사막 선인장과 다육식물은 성장이 느리고 관리 방법도 비슷해서, 하나의 컨테이너 안에 놓고 키울 수 있어요. 우리는 각각의 포인트를 살려 다양한 모양, 색깔, 질감을 가진 식물을 담으려고 해요. 뾰족한 선인장과 즙이 많은 알로에, 다채로운 색깔의 에케베리아와 털이 뽀송뽀송한 하월시아, 키가 작은 리톱스와 조각 같은 유포르비아를 대조적으로 함께 두는 식이죠. 가장 중요한 것은 컨테이너 안의 식물을 한 번에 관리할 수 있도록 햇빛과 물, 습도 조건이 비슷한 식물을 고르는 거예요.

컨테이너를 고를 때 기억해야 할 것이 있습니다. 식물들은 밀폐된 것을 좋아하지 않고, 따뜻하고 건조한 공기에 자유롭게 둘러싸이는 것을 선호해요. 그렇기 때문에 보통은 윗부분이 열린 형태의 방수 용기를 고르세요. 만약 나무 소재의 용기를 사용한다면 얇은 플라스틱 시트를 바닥에 깔거나 폴리우레탄 바니시를 한 겹 덧대는 것이 좋아요. 금속이나 플라스틱 소재의 트레이, 접시, 볼도 사용하기 좋아요. 어린 선인장과 다육식물은 뿌리가 매우 얕게 자라므로, 깊이가 10cm 이상 되는 화분을 쓸 필요는 없어요. 우리는 마음에 드는 컨테이너를 찾아 중고품 가게나 벼룩시장을 돌아다니기 좋아하는데, 종종 매력적인 이야기를 담은 물건들을 발견하곤 하지요.

도구와 재료

컨테이너	선인장과 다육식물
작은 배수용 돌멩이	선인장과 다육식물용 배양토(95쪽)
활성탄	장식용 돌멩이와 액세서리
나무 숟가락	원예용 장갑

1

필요하면 원예용 장갑을 낀다. 컨테이너 바닥에 배수용 돌을 5cm가량 깔아준다. 그 위에 활성탄을 추가하고, 배수용 돌과 고르게 섞어준다. 이 배수층은 뿌리가 물에 잠겨 썩지 않도록 고인 물을 걸러내면서, 식물의 배수를 도와준다.

2

선인장과 다육식물용 배양토를 5cm가량 깔아준다. 이때 컨테이너를 놓을 장소를 미리 염두에 두는 것이 좋다. 컨테이너를 놓는 각도에 따라 식물이 잘 보이도록 방향을 바꾸고 싶어질 수도 있기 때문이다. 부분부분 배양토의 높낮이를 다르게 해서, 입체적으로 연출할 수도 있다.

3

손가락이나 숟가락, 작은 모종삽을 사용해 배양토에 첫 번째 식물을 심을 구멍을 낸다. 식물이 바로 잘 보이지 않으면 이리저리 위치를 바꿔볼 수 있다. 식물의 위치를 잘 잡았다면, 뿌리 주변에 배양토를 꼼꼼하게 다져준다. 이 과정을 반복해 식물을 차례로 심는다. 공기 순환과 뿌리가 성장할 수 있는 공간을 고려해 식물들 사이에 간격을 충분히 둔다. 배양토에 기포가 생기지 않도록 식물 주변의 배양토를 부드럽게 눌러주면서 식물의 최종 자리를 제대로 잡아준다.

4

남은 구멍이 있을 경우 배양토를 더 추가해 메운다. 마지막으로 배수용 돌멩이나 다른 장식 요소를 더해 화분을 완성한다. 식물과 장식 요소를 모두 추가한 후, 부드러운 붓으로 식물 위에 쌓인 흙먼지를 깨끗하게 털어낸다.

5

물뿌리개나 피펫을 이용해 전체 표면에 물을 준다. 식물의 잎이나 줄기에 튀지 않도록 조심한다. 손가락으로 배양토의 수분 정도를 확인했을 때 완전히 말랐다고 느껴지면 물을 준다. 사막 선인장과 다육식물은 직사광선을 좋아하므로 천장의 채광창 아래나 창가처럼 집에서 가장 햇빛이 잘 드는 곳에 둔다.

몇 달이 지나면 잘 자라는 식물이 있는 반면, 처음 심었을 때 그대로인 식물도 있다. 무성하게 자라서 컨테이너 밖으로 뻗어 나온 식물은 깨끗하고 날카로운 가위로 가지치기해 다듬을 수 있다. 만약 식물의 상태가 나빠지면, 병든 부위를 잘라내거나 다른 식물로 교체한다.

작업용 책상

책상이 잘 정돈되어 있든, 쌓인 물건과 끝내지 못한 일들로 가득 차 있든, 식물은 여러분의 생산성을 높여 주는 훌륭한 동반자가 될 수 있어요. 식물은 업무 환경에 놓인 기계 틈에서 바깥 세상을 넌지시 상기시키고 사색할 수 있는 시간을 주죠.

일하는 공간에 햇빛이 잘 들지 않는다면 간접광에서도 잘 자라는 피쿠스, 야자나무, 몬스테라 같은 큰 열대 관엽식물이 적합해요. 화분을 바닥이나 받침대 위에 올려놓으면 책상 위 소중한 공간을 내어주지 않고도 작업실에 식물을 들일 수 있죠. 운 좋게도 작업 공간에 햇빛이 충분히 들어온다면, 책상이나 창턱에 작은 다육식물 화분을 여러 개 올려놓거나 선반에 매달아 놓아도 됩니다. 여러분이 휴가로 집을 비우느라 물을 주는 주기를 놓쳐도 괜찮고, 어디에 두든 상관없으며, 손이 많이 가지 않아요.

떡갈잎 고무나무

학명 피쿠스 리라타 Ficus lyrata
과 뽕나무과 Moraceae
원산지 서아프리카
대체 식물 고무나무, 몬스테라, 아레카야자

비올라 모양의 우아한 잎과 조각 같은 실루엣의 떡갈잎 고무나무는 어디에 있든 우리의 시선을 잡아 끄는 크고 멋진 식물입니다. 두툼하고 윤기가 흐르는, 빽빽하게 들어찬 나뭇잎은 밝은 자연광이 드는 어떤 방이든 순식간에 열대 낙원으로 만들어주죠. 떡갈잎 고무나무는 주기적으로 분갈이를 해주면 키가 3m까지 자랄 수 있어요. 하지만 천장에 닿을 정도로 자라면 끝부분을 잘라내도 됩니다.

빛 간접광이 비추는 밝은 곳이 좋지만, 아침이나 오후에 직사광선을 잠깐씩 쐬어도 됩니다.

온도 봄과 여름철은 18~24℃ 사이가 적당합니다. 겨울철에는 서늘한 기온도 견뎌낼 수 있지만 13℃보다 밑으로 내려가면 안 돼요.

물 물을 너무 많이 주면 식물에 심각한 해를 입힐 수 있으므로, 배양토 표면이 3cm 정도 말랐을 때 물을 주세요. 섬세한 피쿠스 같이 특별한 경우에는 항상 실온의 빗물이나 정수된 물을 주세요.

영양분 봄과 여름에는 한 달에 한 번 액체 비료를 주세요.

분갈이 뿌리가 꽉 차면 봄에 분갈이를 해주는데, 새 화분이 너무 크면 안 됩니다(원래 크기보다 약 5cm 큰 사이즈). 배양토를 만들 때는 95쪽 1번 레시피를 참조하세요.

번식 떡갈잎 고무나무는 번식시키기 매우 어려우므로, 이미 있는 식물에 사랑을 쏟는 편이 나아요.

잎 떨어짐 잎이 많이 떨어지면 물을 지나치게 많이 주었거나 공기가 매우 건조할 가능성이 큽니다. 배양토가 완전히 마르면 물을 주고, 따뜻한 계절에는 주기적으로 잎에 물을 뿌려주세요.

녹영

학명 세네치오 로울레야누스 Senecio rowleyanus
과 국화과 Asteraceae
원산지 나미비아
대체 식물 호야, 꿩의비름, 버들선인장

이 장식용 다육식물은 매우 연약해 보이지만, 사실 굉장히 강인하며 물도 가끔씩만 줘도 됩니다. 자랄수록 구슬 모양의 잎이 아래로 쏟아져 내리듯 자라나죠. 거의 관리가 필요 없는 이 식물은 밝은 빛에서도 잘 자라기 때문에 햇빛이 비추는 책상, 창턱에 두거나 행잉 플랜터로 걸어두어도 좋아요. 줄기가 자라게 내버려 두면 90cm까지 뻗어 나가지만, 보통은 끝부분을 다듬어서 아담하게 키우죠. 잘라낸 줄기를 이용해 새로운 식물을 번식시켜도 됩니다.

빛   빛이 많이 드는 곳이나 직사광선이 비추는 곳에 둡니다.

온도   식물의 성장이 활발한 봄과 여름철에는 18~24℃ 사이의 따뜻한 온도를 유지해주세요. 휴지기 동안에는 겨울의 서늘한 온도에 맞춰줘야(10℃ 밑으로 내려가서는 안 됩니다) 봄에 꽃을 피울 수 있어요.

물   물은 거의 한 달에 한 번씩 주거나, 배양토 표면이 3cm 정도 말랐을 때 물을 주고 뿌리가 절대 물에 잠기지 않게 해줍니다. 배수가 잘 되어야 식물이 건강하게 자랄 수 있어요.

영양분 봄과 여름철에 2주에 한 번씩 액체 비료를 줍니다.

분갈이 필요하면 봄에 분갈이를 하는데, 연약한 줄기가 다치지 않도록 조심하세요. 배양토를 만들 때는 95쪽 2번 레시피를 참조하세요.

번식   봄과 여름철에 줄기꽂이로 번식시킵니다(110쪽).

분갈이 이 다육식물은 분갈이를 할 때 다루기가 조금 까다롭습니다. 줄기를 위로 둥글게 말아서 배양토 위에 올려놓고 그 위에 한쪽 손바닥을 댄 다음, 화분을 뒤집어 식물을 꺼내고 뿌리가 꽉 찼는지 확인하세요.

빈 벽

벽은 식물을 장식하기 좋은 숨은 공간으로, 우리가 간과하고 지나칠 때가 많죠. 하지만 점점 많은 사람들이 말린 꽃다발을 고리로 걸어두거나 섬세한 실로 에어플랜트를 매다는 등 벽을 활용해 집에 초록을 더하는 현명한 방법들을 찾아내고 있어요. 이런 방법으로, 아주 작은 공간이라도 이국적인 생기를 불어넣을 수 있답니다.

못이나 천장용 고리를 달거나 벽걸이 장식(179쪽), 행잉 플랜터(139쪽) 또는 에어플랜트 한두 개를 올려놓을 만한 작은 선반을 활용하는 것은 방에 야생 식물을 들이는 간단한 방법이에요. 약간의 손길로 공간을 많이 차지하지 않으면서 빈 벽에 마법적인 깊이를 더하죠. 거울 앞에 식물을 세워 두는 것도 또 하나의 방법인데, 복잡하고 잎이 무성한 식물을 선택했을 때 열대식물이 두 배로 늘어난 것 같은 환상을 불러일으킵니다.

카풋 메두사

학명 틸란드시아 카풋 메두사 Tillandsia caput-medusae
과 파인애플과 Bromeliaceae
원산지 멕시코의 숲 지대
대체 식물 틸란드시아 카피타타, 틸란드시아 시르시나타

'메두사의 머리'를 뜻하는 이 식물은 말 그대로 그리스의 괴물을 닮았지만 분홍과 보라색의 긴 꽃, 솜털이 보송보송한 잎을 보면 실제로는 훨씬 더 친근하게 느껴질 거예요. 멕시코와 남아메리카의 숲속 나무 위에서 자라며, 나선형의 잎은 다 자라면 길이가 40cm가량 됩니다. 에어플랜트를 달 만한 공간이 여의치 않다면, 독특한 겉모양을 바로 가까이에서 볼 수 있게 작은 화분에 심어 두어도 좋아요.

빛 약간의 직사광선과 한 번 투과된 밝고 맑은 빛을 좋아해요. 간접광에서도 잘 자랍니다.

온도 꽃을 피울 수 있도록 18~30℃ 사이를 유지해주세요. 온도가 12℃ 밑으로 떨어져서는 안 됩니다.

물 습기가 많은 숲에서 자라던 식물인 만큼 주기적으로 물을 충분히 주어야 해요. 일주일에 한 번씩 물에 담가주세요.

영양분 봄과 여름철 2주에 한 번씩 난초용 비료를 조금씩 물과 함께 줍니다.

번식 대부분의 에어플랜트와 마찬가지로 카풋 메두사는 꽃을 피운 다음 잎 아래쪽에 새끼포기를 만들어요. 번식 방법에 대한 자세한 설명은 118쪽을 참조하세요.

물 주고 난 뒤의 관리법 아래쪽이 동글납작하기 때문에 물을 너무 많이 주면 고여서 썩기 쉬워요. 식물을 물에 담근 다음 제자리에 두기 전에 완전히 말리세요. 가장 바람직한 건 식물을 거꾸로 뒤집어놓는 거예요.

불보사

학명 틸란드시아 불보사 Tillandsia bulbosa
과 파인애플과 Bromeliaceae
원산지 멕시코 남부, 서인도제도, 브라질
대체 식물 분지, 틸란드시아 슈도바일레이

색이 선명하고 동글납작해 마치 외계인처럼 생긴 불보사는 잎이 뒤틀린 나선 모양으로 자라며, 잎이 길고 조각상처럼 생겨서 쉽게 벽에 기대어 세워놓을 수 있어요. 다육식물처럼 보이는 잎이 물을 저장하기 때문에 아이가 있거나 주기적으로 물을 주기 힘든 사람들이 키우기에 그만이죠. 이 에어플랜트는 강렬하고 화려한 꽃이 피는데, 한가운데 진홍색 장미 모양의 꽃이 피었다가 보라색으로 변한 다음 몇 달이 지나면 말라붙는답니다.

빛 적당한 자연광에 반응합니다. 적당히 밝은 빛이 분산되어 드는 그늘진 장소가 좋아요.

온도 낮에는 10~30℃ 사이가 적당하고 밤에는 조금 더 서늘해도 괜찮아요.

물 축축한 숲과 강 기슭에 서식하는 이 식물은 습도가 높은 곳에서 잘 자라며 규칙적으로 물을 뿌려주는 것을 좋아해요. 따뜻한 계절에는 1주에 세 번 정도 물을 주어야 합니다. 물을 줄 때는 충분히 물에 담그고, 남은 물기를 털어내야 식물이 썩지 않아요.

영양분 성장이 활발할 때는 2주마다 한 번씩 물에 난초용 비료를 몇 방울 타서 줍니다.

번식 불보사는 꽃을 피우고 나면 밑동에 새끼포기를 만듭니다. 이것을 그대로 내버려두면 독특한 무리를 형성하는데, 자생할 수 있을 정도로 성장하면 어미 식물에서 떼어낼 수 있어요. 번식 방법에 대한 구체적인 설명은 118쪽을 참조하세요.

장식하기 선반이나 벽에 매달아 에어플랜트로 키울 수 있어요. 물을 주고 난 다음에는 남은 물이 잎 사이에 고여 썩을 수 있으므로 옆으로 눕히거나 거꾸로 뒤집어 완전히 말려줍니다.

벽걸이 장식

복잡한 무늬의 모로코 대리석 공, 영국 해안가에 떠내려온 부드러운 유목(流木)과 크리스털 광물 등 우리가 플랜터와 행거 디자인에 사용하는 대부분의 재료는 여행을 하다 발견한 것들이에요. 이 재료들은 각 풍경의 기념품처럼 옛 모험을 떠올리게 하죠.

이 디자인을 만들기 위해서는 세 가지 기본 재료가 필요해요. 못과 밧줄, 나무 토막이죠. 드릴이 있다면 나무에 구멍 두 개를 뚫고 밧줄을 끼워 넣으면 됩니다. 드릴이 없으면 나무 자체에 밧줄을 묶어도 돼요.

디자인 자체가 무척 단순한 만큼, 여러분이 활용할 수 있는 다른 재료를 추가해도 돼요. 밧줄 대신에 끈이나 천을 사용할 수 있고, 유목 대신 원예용품점에서 살 수 있는 목재나 속이 빈 구리 파이프를 쓸 수도 있죠.

에어플랜트는 대부분 간접광을 좋아하는 데다 옮겨서 물을 주기도 쉬워서, 벽걸이 장식으로 매우 좋은 선택이랍니다. 벽걸이에 몇 가지 장식 요소를 가미해 자신만의 디자인을 만들어보는 건 어떨까요?

도구와 재료

유목	에어플랜트
밧줄, 끈 또는 실	여러 장식 요소
못 또는 액자 거는 고리	망치
	드릴(선택 사항)

1

드릴을 사용해 밧줄을 끼울 구멍을 뚫는다면, 연필로 나무 양 끝에 구멍을 뚫을 위치를 표시하는 게 좋다. 이 과정이 필수는 아니니, 드릴이 없거나 사용해본 적이 없다면 이 단계는 무시하고 바로 3으로 넘어간다. 만약 나무가 휘어지거나 구부러져 있다면 드릴로 구멍을 뚫기 전에 벽에 대어보고 어떤 식으로 뚫을지 결정한다.

2

사용하는 밧줄이나 끈의 굵기에 따라 적당한 사이즈의 드릴을 고른다. 야외에서 나무를 올려놓고 구멍을 뚫을 만한 자리를 찾은 다음, 사진처럼 구멍을 뚫을 부분이 튀어나오게 올려놓고 한 손으로 나무를 꽉 붙잡는다. 드릴이 닿는 부분 근처에 손을 가까이하지 않도록 조심하며 나무 양 끝에 구멍을 뚫는다. 밧줄을 넣어 매듭을 묶은 다음 힘껏 잡아당겨 매듭이 단단히 묶어졌는지 확인한다.

3

나무에 구멍을 뚫지 않고 간단히 묶기만 할 거라면, 못에서 나무까지의 거리를 생각하며 줄 길이를 정한다. 매듭은 간단하게 묶어도 되고, 자신만의 방법으로 복잡하게 묶어도 된다. 그다음 힘껏 잡아당겨 단단히 묶어졌는지 확인한다.

4

나무 양 끝에 밧줄이 단단히 묶이면 고리나 못에 걸 수 있다. 벽에 걸고 나면 에어플랜트를 시작으로 직접 고른 물건들로 나무를 장식할 수 있다.

균형을 잡기 어려운 에어플랜트나 장식 요소들은 깨끗한 낚싯줄이나 얇은 줄을 사용해 직접 매단다. 에어플랜트는 일주일에 한 번씩 물을 주면 건강하게 키울 수 있는데, 이따금 물에 푹 담가 주면 더욱 좋으므로 줄을 너무 꽉 묶지는 않도록 한다.

어느 곳이든

불행히도 대부분의 실내식물은 필요한 것을 오랫동안 갖춰주지 않으면 죽어버려요. 하지만 일부는 어떤 상황에서도 꿋꿋하게 살아나죠. 다음 페이지에서 소개할 세 식물은 방치당하거나 찬바람을 맞거나 햇빛이 들지 않는 어두운 곳에 있어도 살아남아요. 이렇게 믿음직한 식물은 어떤 역경이든 이겨낼 가능성이 높으므로 자주 여행을 다니는 사람, 식물을 좋아하지만 관리에는 서툰 분들에게 권합니다.

우리는 각기 다른 이유로 이 식물들을 선택했고, 여러분은 이 식물들이 어떤 면에서 관리하기 수월한지 확인해야 해요. 예를 들어 산세비에리아(187쪽)와 고사리잎 선인장은 물을 한두 번 주지 않아도 끄떡없지만 겨울철에 물을 너무 많이 주면 죽을 수 있어요.

일단 여러분의 생활 방식과 조건에 적합한 식물을 확인하고 나면, 자신 있게 그 식물을 집에 들이세요. 여러분이 얼마나 사랑하는지 보여주지 않았다고 해서 화를 내거나 곤란한 표정으로 여러분을 죄책감에 사로잡히게 하지는 않을 거예요.

4장 식물과 함께 사는 집

금전수

잔지바르의 보석 | 영원의 야자수
학명 자미오쿨카스 자미이폴리아 Zamioculcas zamiifolia
과 천남성과 Araceae
원산지 아프리카 남부, 동부
대체 식물 사고야자, 고무나무, 클루시아

금전수야말로 건망증이 심한 실내 원예가를 위한 식물이에요. 햇빛을 거의 필요로 하지 않으며 오랫동안 방치해도 살아남고, 실내식물에게 영향을 끼치는 해충들에도 감염되지 않죠. 선천적으로 건강하며 윤기가 도는 잎들은 여름과 가을 동안에 구릿빛 꽃을 피웁니다. 줄기로 보이는 부분은 사실 땅에서 직접 자라는 잎으로, 여기서 에메랄드 그린의 작은 잎이 쌍으로 자라나죠. 실내에서는 60cm까지 자라며 마치 열대 나무의 미니어처처럼 보이죠.

빛　밝은 간접광을 좋아하지만, 아침이나 오후에 약간의 햇빛을 쬘 수 있다면 훨씬 어두운 곳에서도 잘 자랍니다. 여러분이 따뜻한 기후에서 산다면 한낮의 뜨거운 햇볕은 피하는 게 좋아요.

온도　18~26℃ 사이에서 잎의 성장이 활발하고 최적의 상태를 유지합니다. 이보다 더 서늘한 온도에서도 잘 자라지만 15℃ 밑으로 내려가면 안 돼요.

물　동글납작한 덩이 줄기에 물이 고여 썩기 쉬우므로 물을 지나치게 많이 주면 죽을 수 있어요. 배양토 표면 3cm 정도가 완전히 말랐을 때 물을 주고, 배수를 원활하게 해주세요.

영양분 봄과 여름철에 한 달에 한 번씩 액상 비료와 물을 1대 4로 섞어서 줍니다.

분갈이 필요하면 봄에 분갈이를 합니다. 배양토를 만들 때는 95쪽 1번 레시피를 참조하세요.

번식　봄과 여름철에 줄기꽂이로 번식시킵니다(110쪽). 새로 자라나는 데는 일 년 정도 걸려요.

아기와 반려동물 주의 이 식물의 잎을 먹으면 배탈이 날 수 있기 때문에 어린아이나 반려동물을 키우는 사람에게는 권하지 않아요.

산세비에리아

천년란 | 굿 럭 플랜트 | 악마의 혀
학명 산세비에리아 트리파스키아타 Sansevieria trifasciata
과 아스파라구스과 Asparagaceae
원산지 아프리카 남부, 서부
대체 식물 접란, 스파티필룸, 엽란

이 관대한 식물은 어떤 무책임한 식물 애호가라도 다 받아줄 거예요. 물을 주지 않아도 잘 견디며 웬만한 빛 조건에서 살아남고, 분갈이를 할 필요도 거의 없어요. 활성 성장기에도 느리게 자라는 산세비에리아의 잎은 녹색에 대리석 무늬가 두드러지며 때때로 금빛 테두리가 있기도 합니다. 가지치기는 해주지 않아도 돼요.

빛　밝은 빛을 좋아하지만 햇빛에서나 그늘에서나 다 잘 자라요.

온도　나이지리아와 콩고 열대 지역이 원산지인 이 식물은 18~26℃ 사이의 따뜻한 기후에서 잘 자랍니다. 겨울에는 최소 13℃를 유지해주세요.

물　봄과 여름철에는 물을 적당히 주면 됩니다. 배양토 표면 3cm 정도가 말랐을 때 완전히 젖을 정도로 주세요. 특히 겨울철에는 물을 너무 많이 주면 죽을 수 있으니 주의하세요.

영양분　봄과 여름에 한 달에 한 번씩 희석한 액체 비료를 줍니다.

분갈이　이 식물은 뿌리가 화분에 꽉 찼을 때 가장 건강하므로, 몇 년에 한 번씩만 초봄에 분갈이를 해줍니다. 화분을 갈지 않을 때는 윗부분의 오래된 배양토를 신선한 배양토로 교체해주세요.

번식　봄에 포기 나누기로 번식시킵니다(115쪽).

해독 식물 산세비에리아는 여느 실내식물만큼 탄성이 좋을 뿐 아니라, 실내 공기 중에 있는 해로운 독소를 정화하는 효능도 있어요.

생선뼈 선인장

릭락 선인장 | 지그재그 선인장
학명 에피필룸 앙굴리게르 Epiphyllum anguliger
과 선인장과 Cactaceae
원산지 멕시코
대체 식물 고사리잎 선인장, 공작 선인장, 부활절 선인장

멋진 물결 모양의 실루엣이 독특한 생선뼈 선인장은 그 공간의 분위기를 바로 바꿔주면서도, 관리하는 데 손이 많이 가지 않아요. 이빨처럼 보이는 잎들은 매우 무성해 거실 한가운데에 놓거나 행잉 플랜터로 걸어두어도 잘 어울리죠. 멕시코의 열대우림에 무리를 지어 자라는 이 착생식물은 봄과 여름철 밤에 흰색과 연분홍색의 향기로운 꽃을 피웁니다.

빛　원래 반그늘에서 서식하기 때문에 밝은 간접광을 선호하고, 가능하다면 아침과 오후에 약간의 직사광선을 쬐면 좋아요.

온도　12~20℃ 사이의 실내 온도에서 잘 자라요. 겨울철에는 더 서늘한 곳에 두어야 휴지기 동안 푹 쉬고 봄과 여름철에 건강하게 성장할 수 있어요.

물　봄과 여름철에 배양토 표면이 3cm 정도 마르면 물을 충분히 주고, 몇 시간 후에 배수용 트레이를 비워주세요. 겨울철에는 물의 양을 줄이고 식물의 배양토가 완전히 말랐을 때만 물을 줍니다.

영양분 봄과 여름에는 꽃이 필 수 있도록 한 달에 한 번 액체 비료를 줍니다.

번식　봄에 잎꽂이로 번식시킵니다(106쪽).

관리하기 대부분의 사막 선인장 가시는 아주 가늘지만 피부에 박히기 쉽고, 신경을 꽤 자극할 수 있어요. 특히 행잉 플랜터를 만들거나 화분을 만질 일이 있다면 꼭 장갑을 끼세요.

색다른 공간

어떤 작은 방이라도 열대식물의 넘치는 매력을 품을 수 있어요. 설령 화분을 놓을 만한 탁자나 선반, 창턱이 없다고 해도 구석에 놓인 의자, 침대 옆 탁자나 책 더미 위에 특이한 식물을 두면 제한된 공간을 최대한 활용하면서도 이국적인 포인트를 줄 수 있죠.

색다른 공간에는 특이한 식물이 잘 어울리는데, 우리가 지금껏 봐온 식물 중 방에 두면 순식간에 눈길을 끌 법한 가장 독특한 두 식물을 소개해드릴게요. 햇볕이 잘 드는 방에는 봄에 분홍색이나 붉은색 꽃을 피우는 원숭이꼬리 선인장 혹은 립살리스를 두기 좋아요. 자연광이 잘 들지 않는 방이라면 기이하고 멋진 파인애플과 식물 중에서 꽃이 피는 종을 놓아보세요. 간접광이 비추는 그늘진 공간에서도 잘 자랄 거예요.

원숭이꼬리 선인장

학명 힐데윈테라 콜라데모노니스 Hildewintera colademononis,
클레이스토칵투스 콜라데모노니스 Cleistocactus colademononis
과 선인장과 Cactaceae
원산지 볼리비아
대체 식물 체인 선인장, 립살리스

솜털로 뒤덮인 이 선인장은 볼리비아 산타크루스 산악 지대의 가파른 절벽이나 나뭇가지에서 자랍니다. 꼬리처럼 생긴 줄기는 2.5m 길이까지 자라며, 뜨거운 여름 햇빛에서 스스로를 보호하기 위해 털 난 가시들이 두텁게 덮여 있어요. 이 선인장에게 가장 좋은 장소는 신선한 공기를 충분히 받을 수 있는 곳이에요. 봄철에는 줄기를 따라 주황색, 분홍색, 빨간색의 초현실적인 꽃들이 패턴을 이루며 피어납니다.

빛 밝은 직사광선을 쬐야 털이 보송보송하게 자랄 수 있어요.

온도 따뜻한 계절에는 상온에서 잘 자랍니다. 겨울에는 휴지기에 들어갈 수 있게 10~12℃ 정도로 유지해주면 좋아요.

물 봄과 여름철에 배양토 표면이 3cm 정도 마르면 충분히 물을 주고 배수를 잘 시킵니다. 가을과 겨울에는 물의 양을 줄이고 배양토가 완전히 말랐을 때만 물을 주세요.

영양분 성장이 활발할 때는 2주에 한 번씩 영양분을 주어야 꽃을 피울 수 있어요.

분갈이 필요할 경우 식물이 꽃을 피우고 난 다음에 원래 화분보다 살짝 큰 화분으로 분갈이를 해주세요. 배양토를 만들 때는 95쪽 2번 레시피를 참조하세요..

번식 늦봄에서 초여름 사이에 끝부분을 15cm 정도 잘라 새끼포기 같이 번식시킵니다(118~120쪽).

관리하기 이 선인장의 가느다란 가시는 부드러운 인상과는 다르게, 만지면 쉽게 피부에 박히며 자극을 줄 수 있어요. 반드시 두꺼운 장갑을 끼고 만지도록 하고, 몸에 부딪히기 쉬운 장소에는 두지 마세요.

애크메아 파스키아타

은색 꽃병 | 진홍색 별
학명 애크메아 파스키아타 Aechmea fasciata
과 파인애플과 Bromeliaceae
원산지 브라질
대체 식물 파인애플, 구즈마니아, 브리에세아 스플렌덴스

멋진 쇼를 선보이는 이 파인애플과 식물은 브라질의 열대우림에서 자랍니다. 튼튼하고, 은색과 초록색으로 얼룩덜룩한 잎은 마치 '꽃병'처럼 그 안에 수분을 저장하죠. 5년이 지나면 몇 달간 밝은 분홍색과 보라색의 꽃을 둘러싸는 작은 잎포엽을 만들어내요. 이 식물은 꽃을 피우고 죽으므로 새끼포기를 번식시키거나 6개월 안에 화분을 교체할 생각이라면 꽃이 피어 있는 화분만 사도록 하세요.

빛　다른 파인애플과 식물들처럼 밝은 간접광을 좋아하지만, 아침과 오후에 약간의 직사광선을 쬐면 좋아요.

온도　18~24℃에서 건강하게 자라며 꽃을 잘 피워요. 밤이나 겨울철에는 온도가 살짝 낮아도 좋아요.

물　대략 한 달에 한두 번, 잎 안쪽의 장미 모양을 채우는 느낌으로 물을 주세요. 빗물을 주면 좋아하지만 필수는 아니에요. 배양토 표면이 3cm 정도 말랐을 때만 물을 주세요. 한번씩 분무기로 물을 뿌려줘도 괜찮아요.

영양분　봄과 여름철에 한 달에 한 번씩 배양토에 살짝 희석한 액체 비료를 줍니다.

분갈이　꽃이 피어 있는 식물을 샀다면 화분을 갈지 않아도 되지만, 꽃이 피어 있지 않다면 뿌리가 꽉 차는 봄에 분갈이를 합니다. 배양토를 만들 때는 95쪽 1번 레시피를 참조하세요.

번식　꽃을 피우고 나면 이 식물은 새끼포기를 만듭니다. 이 시점에 어미 식물은 성장을 멈추고 죽어가기 시작하며, 새끼포기를 위해 영양분을 비축하는 역할을 하죠. 새끼포기는 반드시 10cm 정도 자랐을 때, 그리고 여름철에 떼어내어 촉촉한 배양토에 옮겨 심습니다. 번식 방법에 대한 구체적인 설명은 118쪽을 참조하세요.

아이들의 친구

시장에서 일할 때의 가장 큰 장점은 매일 사람들을 지속적으로 만난다는 거예요. 행복하고 여유로운 모든 연령대의 사람들이 이곳에서 즐거운 시간을 보냅니다. 시장은 손님들과 대화를 나눌 수 있는 멋진 장소로, 이곳에서 우리는 아이들이 독특하게 생긴 식물에 매료된다는 사실을 알아차렸죠.

실내식물이 아이들에게 좋은 영향을 주는 몇 가지 이유가 있어요. 식물의 경이로움을 곁에서 볼 수 있을 뿐 아니라 반려동물을 키울 수 없을 경우 아이들에게 다른 생명을 보살피는 만족감을 알려줄 수 있죠. 아이들에게 생명을 돌보는 선천적인 욕구가 있다는 건 정말이지 놀라워요. 우리는 종종 아이들의 작은 손이 부모의 제지를 받기 전에 한 줄로 늘어선 선인장을 향해 뻗어 나오는 것을 목격한답니다.

어떤 식물은 아이의 열광적인 손길에 살아남지 못하지만 어떤 식물은 멋진 친구가 됩니다. 부드러운 선인장은 느리게 자라고, 다소 거칠게 다뤄도 회복력이 좋아 키우기 좋아요. 당나귀꼬리는 특히 번식이 쉬워 새로운 식물을 키워보는 경험을 할 수 있어요. 에어플랜트 역시 키우기 좋지만 약간 보살펴주어야 합니다.

당나귀꼬리

작은당나귀꼬리 | 양꼬리 | 말꼬리
학명 세덤 모르가니아눔 Sedum morganianum
과 돌나물과 Crassulaceae
원산지 멕시코 남부
대체 식물 골든 세덤, 비취나무, 러브체인

우리가 이 매력적인 식물을 처음 발견한 곳은 런던 바비칸 온실 속 숨은 오아시스였어요. 보트처럼 생긴 잎은 폭포처럼 아래로 드리워지고, 왕관 모양의 연한 분홍색 꽃을 피우는 이 식물은 행잉 플랜터나 햇빛이 잘 드는 책장, 창가에 걸어두기 좋아요. 줄기는 칙칙한 초록색과 파란색을 바림한 듯한 색깔을 띠고, 키는 1m까지 자랍니다. 잎이 쉽게 떨어지기 때문에 아이들과 번식을 연습해보기에 적합해요.

빛　　직사광선을 좋아하며, 여름철이면 다육엽의 색이 점점 짙어지고 꽃이 잘 피어요. 햇빛을 너무 적게 쬐면 줄기가 약해집니다.

온도　　15~24℃가 적당하며, 밤이나 겨울철에는 13℃ 밑으로 내려가지 않게 주의하세요.

물　　물은 배양토 표면이 3cm 정도 말랐을 때 완전히 젖을 정도로 줍니다. 가을과 겨울에는 물을 너무 많이 주면 식물이 금방 상할 수 있어요. 겨울철 휴지기에는 배양토가 완전히 말랐을 때만 물을 주고 배수를 잘해주세요.

영양분　주기적으로 영양분을 주지 않아도 됩니다.

분갈이　필요하면 봄에 분갈이를 하되, 잎들이 매우 연약하므로 조심히 다루세요. 배양토를 만들 때는 95쪽 2번 레시피를 참조하세요.

번식　　봄이나 여름철에 잎꽂이로 번식시킵니다(106쪽).

노인 선인장

토끼 선인장 | 흰 페르시안 고양이 선인장
학명 케팔로케레우스 세닐리스 Cephalocereus senilis
과 선인장과 Cactaceae
원산지 멕시코
대체 식물 은색햇불 선인장, 노락 선인장, 분첩 선인장

독특한 친구인 노인 선인장은 다 자라면 서리로부터 보호해주는 굵은 털이 전체를 감싸고 그 안에 세로 줄이 그어져 있는 원기둥 모양이 됩니다. 멕시코의 건조한 지역이 원산지로, 수백 년 동안 살 수 있고 15m 길이까지 자라나요. 하지만 다행스럽게도 실내에서 키우면 그 길이까지 자라는 경우는 드물며 10~20년 동안 함께하면서 트럼펫처럼 생긴 붉은 꽃들을 피우기도 해요.

빛　　털이 야생의 강렬한 햇빛으로부터 선인장을 보호해주므로, 지속적으로 햇빛을 쬐고 싶어 합니다. 햇빛이 너무 부족하면 털이 가늘어지고 줄기가 비정상적으로 길쭉해져요.

온도　　봄과 여름철은 10~30℃가 적당하며, 가을과 겨울철의 휴지기 동안은 조금 더 서늘해도 됩니다.

물　　봄과 여름철에 배양토 표면이 3cm 정도 마르면 물을 주세요. 휴지기 동안은 배양토가 완전히 말랐을 때만 물을 줍니다. 모든 선인장이 그렇듯 가을과 겨울철에 물을 너무 많이 주면 썩어버릴 수 있으니, 습도가 높은 방에 두지는 마세요.

영양분　한 달에 한 번 선인장 비료를 주되, 비료가 털에 묻으면 색깔이 변하므로 튀지 않게 조심하세요.

분갈이　성장이 느린 대부분의 다육식물처럼, 뿌리가 배양토 가장자리로 드러나는 봄에만 분갈이를 해줍니다. 부드러운 털 안에 작고 날카로운 가시가 숨어 있으므로 만질 때는 조심하세요.

번식　　이 선인장을 번식시키기 위해서는 전문 기술이 필요합니다.

청소하기 선인장 위에 먼지나 흙이 쌓였으면 부드럽고 마른 페인트 붓으로 털어줍니다.

5장

모임에 어울리는 식물

———

식물과 함께 모임을 준비하고, 나누고, 기념하기

식물과 함께한 우리의 여정은 자연뿐 아니라 다른 장소, 사람들과 연결되고 싶다는 바람에서 출발했어요. 밖으로 나가 우리에게 영감을 주는 식물과 물건을 모으고, 우리가 만나거나 같이 일하는 사람들과 함께 나누면서 우리는 원래 친구들과의 공통점을 새로운 사람들에게서 찾았죠. 그러면서 우리 주위의 세계와 관계를 맺어갈 수 있었어요. 공동체 의식이 자라면서 더 많은 것을 탐험하고, 실험하고, 나눌 수 있게 되었어요.

우리는 식물이 가정이나 공공장소에서 친근감과 따뜻한 느낌을 준다는 사실을 깨달았어요. 우리를 깊이 성찰하게 한다는 것도요. 특히 세심한 주의를 기울이는 순간 식물은 느리고 신중하게 살아가고 일하는 방식의 가치를 부각시켜주는 것 같았어요.

동시에 식물은 주변을 아름답게 장식하며, 기쁨을 주고, 더 나아가 삶을 긍정적으로 바라보게끔 하죠. 은은한 촛불 아래 친구들과 둘러앉아 즐기는 저녁 시간, 탑처럼 우뚝 솟은 야자나무가 반쯤 빈 접시를 보호하려는 듯 그림자를 드리우는 광경을 떠올려보세요. 마치 식물이 삶에 대한 궁극적인 찬사처럼 느껴지기도 할 거예요. 식물은 소중한 시간을 보내는 장소를 상상력이 가득한 공간으로 만들어주는 멋진 방법이죠. 테이블 위에 살아 있는 식물을 올려놓는 것만으로 그 순간이 더욱 특별해져요.

우리가 세상을 탐험하도록 이끌어주고, 우리를 안식처인 집으로 불러들이는 존재가 식물이기에 그런 것 아닐까요?

세로그라피카

자이언트 에어플랜트 | 실버 퀸
학명 틸란드시아 세로그라피카 Tillandsia xerographica
과 파인애플과 Bromeliaceae
원산지 과테말라
대체 식물 카풋 메두사, 틸란드시아 카피타타 피치

최대 수명이 25년이라는, 장엄한 분위기를 풍기는 세로그라피카는 직사광선에서 잘 자라는 유일한 에어플랜트로 따뜻한 계절에는 밖에서 키울 수 있어요. 조각처럼 생긴 이 은녹색 식물은 개화 주기마다 보라색 꽃 한 송이를 피웁니다. 또한 매우 느리게 자라는 착생식물로 놀랄 만큼 강인하며 평평한 바닥에 두거나 가는 밧줄에 매달아 장식할 수 있어요.

빛 직사광선을 좋아하지만 간접광이 충분히 드는 곳에서도 꽤 잘 자랍니다.

온도 일 년 내내 10~30℃ 사이로 유지해주면 좋아요.

물 일주일에 한 번 실온의 물에 담그거나 분무기로 물을 뿌려줍니다. 물을 준 다음에는 남은 물기를 조심스럽게 털어 없애야 물이 잎 속으로 들어가 썩는 것을 막을 수 있어요. 잎이 지나치게 휘면 식물에 물이 부족하다는 신호이므로 물 주는 횟수를 늘리세요.

영양분 봄과 여름철에, 몇 주에 한 번씩 에어플랜트용 비료를 물에 섞어서 주세요.

번식 살아 있는 동안 어미 식물 하나당 최대 8개의 새로운 식물을 만들 수 있어요. 이 새끼포기는 어미 식물의 잎 사이에서 자라나요. 크기는 어미 식물의 4분의 1 정도로, 충분히 물에 담근 후 부드럽게 떼어낼 수 있어요. 번식 방법에 대한 구체적인 설명은 118쪽을 참조하세요.

관리 팁 세로그라피카는 신선한 공기를 쐬어 잎에 물기가 고이지 않게 해줘야 합니다.

옥사카나

학명 틸란드시아 오악사카나 Trillandsia oaxacana
과 파인애플과 Bromeliaceae
원산지 멕시코
대체 식물 틸란드시아 마그누시아나, 틸란드시아 플라지오트로피카

멕시코 오악사카주에서 발견한 별 모양의 옥사카나 에어플랜트는 부드럽고 빛바랜 듯한 녹색 잎을 가지고 있어요. 잎은 자라면서 밖으로 뻗고, 색깔은 점점 진해집니다. 모든 잎은 은빛 솜털로 덮여 있어 만질 때 특히 부드럽게 느껴지죠. 우리가 발견한 가장 튼튼한 종 중 하나로 20cm 길이까지 자라며 개화기에 보라색과 노란색의 독특한 꽃을 피워요.

빛 밝은 간접광이 비추는 곳에 둡니다. 직사광선을 지나치게 쐬면 잎이 동그랗게 말리며 메마르고 결국에는 죽을 수 있어요.

온도 10~30℃가 적당하며, 밤에는 조금 더 서늘해도 괜찮아요.

물 따뜻한 계절에는 최소한 일주일에 한 번 실온의 물에 담그거나 분무기로 물을 충분히 뿌려줍니다. 모든 에어플랜트와 마찬가지로, 남은 물은 부드럽게 털어내 무성한 잎 속에 물이 고여 썩는 것을 방지합니다. 잎이 지나치게 말려 있으면 탈수 증세를 나타내는 신호이므로 주의하세요.

영양분 봄과 여름철에 물을 줄 때, 몇 주에 한 번씩 희석한 난초용 비료를 몇 방울 물에 타서 줍니다.

번식 에어플랜트는 다 자라면 잎 아래쪽 사이에 새로운 식물을 만듭니다. 이 새끼포기가 어미 식물 크기의 3분의 2 정도 자라면, 충분히 물에 담가 부드럽게 만든 후 조심스럽게 떼어냅니다. 번식 방법에 대한 구체적인 설명은 118쪽을 참조하세요.

가지치기 가장 바깥쪽 잎이 마르고 흔들려도 걱정할 필요는 없어요. 가운데에서 새로운 잎이 돋아나므로, 오래된 잎은 부드럽게 잡아당겨서 떼어낼 수 있습니다.

스패니시모스

노인 수염 | 수염 이끼
학명 틸란드시아 우스네오이데스 Tillandsia usneoides
과 파인애플과 Bromeliaceae
원산지 미국 플로리다 주, 남아메리카, 칠레 등지의 아열대 지역

야생에서 가장 널리 발견되는 에어플랜트 스패니시모스는 진정한 착생식물로 6m 길이까지 휘감아 올라가 나무 꼭대기에서 자랍니다. 봄이 완연해지면 노란빛이 도는 녹색의 작고 향기로운 꽃을 피워요. 가볍고 여린 이 식물은 마치 뭉친 깃털 같은 매력적인 모습으로 고리, 커튼 봉, 창턱이나 책장에 화분을 걸어서 놓아두면 잘 뻗어 나갑니다. 매우 부드럽고 유연해서 우리는 종종 디너파티 테이블을 장식하는 데 사용하곤 하지만, 이 식물은 곧게 매달려 아래로 자라는 것을 더 좋아해요.

빛   밝거나 그늘진 환경에서 다 잘 자라지만 직사광선을 좋아하지 않아요.

온도   매우 따뜻한 온도에서 차가운 온도까지 견딜 수 있는 온도 폭이 넓어요. 하지만 생활 환경에 일단 적응하고 나면 급격한 변화에 대응하지 못할 수 있으므로 함부로 옮기지 마세요.

물   잎이 매우 얇아서 탈수가 심하므로, 습도가 높은 곳을 좋아해요. 건강을 위해 가장 따뜻한 달에는 하루에 한 번씩 규칙적으로 물을 뿌려주고 일주일에 한 번은 물에 담가주세요. 가능한 정수한 물이나 빗물을 사용하세요.

영양분   꽃이 필 수 있도록 봄과 여름철에 분무기 통에 난초용 액체 비료를 살짝 섞어서 줍니다.

번식   이 종은 스스로 번식하며, 생활 조건이 이상적으로 잘 맞으면 수가 빠르게 늘어납니다. 특히 여름철에 작은 포기로 나눠주면 더 빠르게 번식해요. 건조할 때는 식물이 밝은 은녹색을 띠며, 수분이 충분하면 진한 초록색이 됩니다.

물 주기 확인 스패니시모스에 얼마나 자주 물을 줘야 할지 잘 모르겠다면 색깔을 확인해보세요. 건조할 때는 식물이 밝은 은녹색을 띠며, 수분이 충분하면 진한 초록색이 됩니다.

힘메리

스웨덴어로 '천국' 또는 '하늘'을 뜻하는 단어 '힘멜(himmel)'에서 유래한 힘메리는 원래 북유럽 시골 지역에서 동지(冬至)의 시작을 기념하며 만들어졌어요. 지난해 수확한 호밀 짚으로 모빌을 만들어 앞으로의 행운을 기원하는 부적처럼 집 안에 매달았죠.

가장 좋아하는 에어플랜트를 매달기 위해 모빌을 디자인했던 우리는 작은 기하학적 구조가 제한된 공간을 최대한 활용하는 방법이라는 것을 알아냈죠. 빨대를 서로 다른 길이로 자르고 철사로 꿰어서 우리가 시도해볼 수 있는 무한한 형태를 찾았어요. 단순하게 만든 힘메리는 천장 고리에 매달거나 평평한 곳에 놓을 수 있답니다. 빨대를 하나로 꿰기에는 철사가 가장 편리하지만, 바늘과 실을 사용할 수도 있어요.

일단 단순한 다이아몬드 모양을 만들어보면, 자신만의 더 복잡한 모빌을 디자인할 수 있습니다. 정사각형이나 육각형 같은 평면형부터 시작한 다음 위아래로 빨대를 추가해 독특한 삼차원적 구조를 만드는 거예요.

에어플랜트에 물을 줄 때는 힘메리에서 꺼내 상온의 물에 담그거나, 물을 분무기로 뿌려줍니다. 남아 있는 물을 부드럽게 털어서 말리고 다시 힘메리 안에 넣어주세요.

도구와 재료

종이 빨대	에어플랜트
줄자	
철사 또는 끈	
가위	

1

철사를 1.5m 길이로 잘라낸다. 빨대는 7cm 길이 4개, 10cm 길이 8개를 준비한다. 길이가 조금씩 달라도 큰 문제는 없지만 완성된 형태가 살짝 틀어질 수 있다.

2

7cm 길이 빨대 4개로 사각형을 만들고 철사(또는 끈)로 꿴 다음 매듭을 묶는다. 평평한 바닥에 사각형을 내려놓는다.

3

10cm 길이 빨대 2개를 사각형의 한쪽 면에 철사로 꿴다. 철사는 느슨하게 하지 말고, 사각형 모서리에서 매듭을 지어 삼각형 날개를 만든다. 반대쪽 면에도 똑같은 방법으로 삼각형 날개를 만든다.

4

양 삼각형 날개를 들어올려서 끝을 맞댄 다음, 끝부분을 철사로 묶어서 고정시킨다.

5

철사를 사각형의 모서리에 다시 묶고, 남은 10cm 길이 빨대 4개를 사용해 **3~4**를 반복한다.

6

완성한 힘메리는 남은 철사를 사용해 원하는 장소에 매단다. 식물을 넣어 매달고 싶다면 밝고 간접광이 비추는 장소에 두어야 한다.

일단 연습 삼아 만들어봤다면 이제 잘라낸 구리나 놋쇠, 금속관 같은 소재로 만들어보자. 가벼운 소재일수록 모빌을 더 복잡한 모양으로 만들 수 있다.

카풋 메두사

왼쪽부터 세로그라피카, 틸란드시아속 식물들

감사합니다

우리 가족과 부모님-제인과 키스 레이, 피오나와 리처드 랭턴-의 관대함과 인내심, 굳건한 지원에 감사해요. 식물과 함께 사는 집을 물려주신 할머니 앤에게도 감사드립니다. 이 책은 할머니에게 바치는 책이에요.

지나치기 쉬운 세세한 부분까지 포착하는 재능을 가진 사진작가 에리카 랙스워시는 마법 같은 솜씨를 발휘해주었죠. 에리카의 사진 중 마지막으로 넣은 36쪽 사진은 정말 큰 역할을 해주었어요.

앨리시아 갤러는 개성 있는 표현과 색감으로 식물과 집을 그려 주었고, 루크 페네치는 아트 디렉팅을 맡아 이 책의 여러 페이지를 생생하게 디자인해주었답니다.

우리들의 멋진 친구들 역시 많은 도움을 주었고, 상당수는 이 책에 직접적으로 공헌했죠. 특히 캐럴린 윌킨슨, 올리비아 폭스, 피온걸 그린로, 케지어 레건, 피터 저갤러에게 감사해요.

우리의 조사와 연구를 도와준 사람들, '키 에센셜스'의 마크 스미스와 아만다 스미스는 에어플랜트 관리에 대해 가치 있는 조언을 해주었고, 사우스필드 육묘장의 멋진 선인장 랜드에서 일하는 브라이언 구디와 린다 구디는 고양이가 지켜보는 가운데 우리에게 결코 잊지 못할 선인장 강의를 해주었어요. 원예학자이자 수경재배 전문가인 개러스 호프크로프트에게도 큰 감사를 전해요. 그는 관대하게도 우리에게 시간을 내어 자신의 배양토 만드는 비법을 알려주었죠. 로라 니콜슨과 낸시 마틴에게도 감사해요.

또 우리는 운 좋게도 이 책을 펴내는 과정에서 여러 재능 있는 디자이너들과 함께 했는데, 이들 가운데 상당수는 우리를 위해 맞춤식 작업을 해주었어요. '우든 앤드 워븐'의 알렉스 데볼, '호프 인 더 우즈'의 루크 호프, 그리고 가정용 테라리엄을 손수 만들 수 있는 도구를 제공해준 존 서록에게 고마움을 전합니다. 윌리엄 에드먼즈와 샬럿 맥레이시는 도자기를, 로라 아베디언은 복잡한 모양의 파피루스를 제공해주었어요.

이 책을 위해 본인들의 집과 작업실을 제공해준 사람들도 있어요. '포레스트 런던'의 에바 코펜스와 홀리 울프 피터슨. 그리고 우리를 기꺼이 집으로 초대해 인테리어 디자인과 색감, 여러 세부 요소에 대한 식견으로 우리를 일깨워준 베네딕트 사토리오에게 특별한 감사를 표하고 싶어요.

그 밖에 각종 스타일링에 친절하게 도움을 준 분들에게도 감사 인사를 전합니다. 로스포와 M.i.h의 잭과 마야는 옷을, 블루밍빌은 가정용품을, 그라파는 아름다운 원예용품을 제공해주었죠. 그리고 이 자리를 빌려 헤이즐 스타크에게서 아보카도 한 포기를 슬쩍했는데 아직 돌려주지 못했다는 사실도 고백합니다…

이 책을 쓴 **캐로 랭턴**과 **로즈 레이**는

도시 속에서 살아가는 식물의 아름다움에서 영감을 얻어 작업하는 디자이너다. 대학 동창으로 만나 절친이 된 후 각각 패션 디자인과 세트 디자인 분야에서 일하다 '집'이라는 일상의 디자인을 꿈꾸며 의기투합했다. 현재 런던을 기반으로 '로코' 라는 이름의 하이엔드 콘셉트 스토어를 운영하면서, 유럽, 미국, 호주 등지에 핸드메이드 오브제, DIY 키트 등의 식물 관련 제품을 소개하고 있다. 또한 웨딩, 비즈니스 공간, 이벤트 공간을 위한 독특한 식물 설치 작품도 선보이고 있다.

번역을 한 **김아림**은

서울대학교와 동 대학원에서 생물학과 철학을 공부했다. 출판사 편집자를 거쳐 번역가로 활동 중이다. 《아빠의 육아》《지금은 당연한 것들의 흑역사》《자연의 농담》《마당에서 만나는 과학》 등 여러 책을 우리말로 옮겼다.

감수를 한 **한의정**은

조지워싱턴대학교에서 미술사와 비평을, 소더비 인스티튜트에서 아트 비즈니스를 공부하고 10여 년 동안 큐레이터, 아트 컨설턴트로 일했다. 까뜨린 뮐러의 플로럴 디자인에 매료되어 파리의 플라워 명가 까뜨린 뮐러 전문가반에서 유학한 후 화훼장식기능사 자격증을 취득했다. 서울로 돌아와 '클로이한 플로리스트 스튜디오'를 열었다. 플라워 디자인 워크숍과 가드닝 클래스, 호텔과 잡지 광고를 위한 식물 스타일링 등을 통해 자연과 함께하는 일상의 즐거움을 전파하고 있다.

식물과 함께 사는 집

캐로 랭턴·로즈 레이 지음
김아림 옮김, 한의정 감수

1판 3쇄 발행　　　　2020년 7월 22일

펴낸이　　　　이영혜
펴낸곳　　　　디자인하우스
　　　　　　　서울시 중구 동호로 272
　　　　　　　우편번호 04617

대표전화　　　　(02) 2275-6151
영업부직통　　　(02) 2262-7137
팩시밀리　　　　(02) 2275-7884
등록　　　　　　1977년 8월 19일, 제2-208호

기획사업본부
본부장　　　　박동수
편집팀　　　　옥다애
영업부　　　　문상식, 소은주
제작부　　　　민나영

출력·인쇄　　　㈜대한프린테크

ISBN 978-89-7041-717-2　13590
값 28,000원